教育部人文社会科学研究规划基金项目资助
项目批准号：19YJAZH057

中国昆虫文化形成和发展的历史研究

刘 铭 著

中国农业出版社
北 京

前言

昆虫已经在地球上生活了3亿多年，是大自然中数量最大、种类最多、分布最广、生存适应能力最强的动物类群。天上飞的、地上爬的、水中游的，各种各样的昆虫几乎遍及地球的每一个角落，组成了一个丰富多彩的昆虫世界。自从人类诞生以来，昆虫便与之结下了不解之缘。在漫长的历史长河中，人类在社会实践中不断地与昆虫发生着各种各样的联系，其中对昆虫资源进行的开发和利用，则促进了人类物质生产的发展和精神生活的丰富。

随着对昆虫认识的日趋深入，人类对昆虫物质资源的开发和利用逐渐丰富、渐成体系，研究成果极大地促进了人类物质文化的进步。比方说，苍蝇是细菌的传播者，是大家深恶痛绝的害虫，可是人们仍从苍蝇身上“受益匪浅”。科学家们模仿苍蝇的复眼制成了“蝇眼透镜”，这种新型光学元件，可以制成一次能照出千百张相同相片的“蝇眼照相机”。它的镜头由上千个小透镜组成，一次可以拍摄1 329张照片，这种照相机不仅可以拍摄电影的特技画面，还可以用来进行邮票印刷的制版工作。又比如，蜜蜂蜂巢结构的精密原理，被运用于航空工业材料的制造；而人造纤维的发明则是受蜘蛛丝的启发。此外，蚕茧可以纺织成丝绸、蜜蜂可以酿蜜、蝴蝶可以做成精美的工艺品、许多昆虫可以加工成美味的食品等，这都表明了昆虫可以为人类生产生活带来巨大益处。

在通常认知里，人们更加关注和了解的可能是昆虫与人类物质文明的关系，而认为昆虫与我们的文化世界似乎是风马牛不相及的。实际上，昆虫除了与人类的物质生产、生活紧密关联外，还对人们的思想意识、文化艺术、精神生活、民俗活动等方面，有着广泛而深入的影响。

在人们的日常生活中，大自然中那些或令人怜惜赞美，或令人深恶痛绝的小小邻居们所组成的世界，虽然很小，小到很容易被我们忽略、遗忘，“但跟我们一样，虫子也有着惊心动魄的生活。蚂蚁被一根落下的枯枝砸断了腰肢；烟管蜗牛想在夏日的午后睡上一个美美的午觉，却未能如愿；而千足虫卡在路缝里，即使有一千条腿也无济于事……在虫子的世界，一个水洼就是一片海洋，一片叶子就是一顶遮阳伞，一个鹅卵石就是一座岛屿，而一块路边的石板缝隙就可以成为一个尸横遍野的战场……它们从容执着，它们生生不息。它们就像是一面镜子，让我们照见了自己和自己的生活。”①

“一花一世界，一叶一菩提”，昆虫世界不仅可以指引我们探察个体生命的精神世界，更可以让我们管窥整个人类的精神文化生活。在日常生活中，只要你稍加留意，就会发现昆虫与人类精神文化密切的关系。语言、文学、民俗、书法、哲学、绘画、雕塑、音乐、舞蹈、医药、体育

① 朱赢椿：《虫字旁》，《时代风采》2015年第19期。

等文化形态都与昆虫有着千丝万缕的联系。昆虫与人类精神生活的这种密切而多元的关系，促进了昆虫文化的形成和发展，对人类精神文化的发展和提升也起到了重要的作用。

中国昆虫文化源远流长而又博大精深。这是因为中国地域辽阔，民族众多，各地多样的民俗风情造就了丰富多彩的昆虫文化。中国昆虫文化深深扎根于民间，表现在平凡的日常生产、生活中，以独具的特色，深刻地传达出中华民族特有的民族心理、思维方式和审美观念，凝聚着丰富而复杂的历史内涵和社会内容。因此，对中国昆虫文化进行研究意义重大。

目前，我国对昆虫文化的研究有很大的发展，也取得了一定的成绩。

国内对昆虫文化的研究，从古代就已经开始。这主要表现为以下两种情况：

一是中国古代文献，如《艺文类聚》《古今图书集成》《太平御览》等，按一定体系搜集和汇编了大量昆虫文化方面的资料。

二是古代学者、昆虫爱好者对昆虫文化的初步研究，如，陆机《毛诗草木鸟兽虫鱼疏》中对昆虫名物的考证；贾似道《促织经》及明清时期出现的大量《蟋蟀谱》对蟋蟀的研究等，这些可看作中国昆虫文化研究的雏形。

进入近现代至20世纪80年代之前的这一时间段，是国内昆虫文化研究的形成阶段。这一时期，出现了一系列代表性的研究论文。如，钱南扬《梁山伯祝英台故事》一文，对梁祝化蝶民间传说的产生年代、流传轨迹和信仰主体、载体及思想意义等方面进行了论述；孟玉《蝉话》一文，对民间佩玉蝉以示品德高洁、冠玉蝉以显富贵连绵、含玉蝉以期长生不死等蝉信仰民俗进行了论述；尤其伟《蝗神考》一文，对蝗神的原型、来源、发展脉络及文化内涵等进行了考述等。这些论文梳理了蝴蝶、蝉、蝗虫等昆虫文化的来源、发展历史和文化内涵等内容，标志着国内昆虫文化研究的逐步形成。

20 世纪 80 年代至今，中国昆虫文化的研究获得了长足发展，在诗歌、音乐、邮票、绘画等领域都有对昆虫文化的研究，大量的论文和论著相继出现。其中，蒲天胜、何慧琪《古诗中的昆虫文化》一文，就系统研究了古代诗歌中的昆虫文化，很有代表性。再如，对饮食、娱乐、旅游、中药等生活文化中也有对昆虫文化的探讨。其中，杨世诚《中国食虫文化与食用昆虫资源开发》一文，对中国食虫文化的历史和食虫资源的开发利用进行了具体的阐释。又如，对岁时节日文化中昆虫文化的剖析，彩万志《中国昆虫节日文化》一书就是这方面的代表作。这期间出现的孟昭连《中国虫文化》、王世襄《中国历代蟋蟀谱集成》等著作，可谓中国昆虫文化研究的集大成之作。这些论文和论著在中国传统文化的大背景下，对昆虫文化进行了较为广泛而深入的研究，大致得出以下几方面的共识：

第一，中国境内各民族大都有自己历史悠久、博大精深的昆虫文化。昆虫文化是民族文化的重要内容，亦是中华农耕文化的重要组成部分。

第二，各民族的昆虫文化是中华民族重要的文化遗产，有着丰富的文化内涵，要重视对这些文化的理论建设和产业开发、保护等方面的研究。

第三，对中国昆虫文化的研究可以在弘扬中国传统文化，推动社会经济和文化事业发展等方面起到重要的作用。

这些论文和专著的出现，标志着国内对昆虫文化的研究进入到繁荣阶段。

国外对中国昆虫文化也有一些研究。

从古至今，日本、韩国、朝鲜关于中国昆虫文化方面的研究较多。古代中国的蚕神、蝗神、蝴蝶神话等昆虫文化在日本和朝鲜半岛广泛流传，留下了大量的文献资料。如，日本正德三年（1713）文献《わかんさんさいずえ（和汉三才图会）》中对中国萤火虫信仰的来源、传播方面的研究；近一个世纪以来，这方面的研究论文和论著也相继出现，如，1991年日本学者新城理惠《先蚕儀礼と中国の蚕神信仰》中对中国蚕神、蝗神等昆虫信仰民俗文化的原型、流传和信仰主体、载体等内容进行了梳理；又如，2007年韩国学者金基元《는한국소설을전해져와중국전설에梁祝비교연구（韩国小说梁山伯传与中国传说梁祝的比较研究）》一文，对中韩梁祝化蝶的民间传说在来源、发展历史和信仰内容等方面进行了比较研究，等等。

综合国内外从古至今对中国昆虫文化的研究，所取得的主要成果：

第一，搜集和汇编了昆虫文化方面的一部分文献资料。

第二，对昆虫文化现象的文化内涵，尤其是昆虫信仰方面的内容进行了较为深入的理论分析。

主要不足：

第一，对昆虫文化文献资料的搜集和汇编不够全面。

第二，没有对昆虫文化的概念、特征、功用进行深入阐释，也没有对其形成和发展的历史进行较为全面的梳理。

本书针对上述不足展开研究，全面搜集和汇编昆虫文化方面的文献，对昆虫文化的概念、特征、功用进行阐释，对其形成和发展的历史进行较为全面的梳理，并尝试将理论成果推广应用至昆虫文化遗产的保护和昆虫文化资源的开发与利用的实践中。

目
录

第一章

中国昆虫文化的概念、特征和功能

中国昆虫文化历史悠久，源远流长，是中国传统文化中富有代表性的部分之一，其独特的魅力和价值，表现了中华民族特有的民族精神和审美观念。中国昆虫文化博大精深，渗透在日常生活中的各个方面，对中国人的思想意识乃至行为规范等诸多方面，产生了沦肌浃髓的影响。在其影响下，各民族形成了具有自己民族特色的风俗习惯及礼仪常规。对中国昆虫文化的概念、特征和功用进行阐释，对认识其发生、发展和演变的基本规律和文化内涵具有重要意义。

第一节　中国昆虫文化的概念

“昆虫”一词，在我国先秦时期的文献中就已经出现了。《管子·小称》云：“尝试往之中国、诸夏、蛮夷之国，以及禽兽、昆虫、皆待此而为治乱。”[①]《荀子·富国》云：“然后昆虫万物生其间，可以相食养者不可胜数也。”[②] 先秦以来至近代，在历

① ［春秋］管仲：《管子》，北方文艺出版社，2013，第204页。

② ［唐］杨倞注《荀子》，上海古籍出版社，2014，第113页。

朝历代的文献中，“昆虫”一词多有提及。然而，就其含义来说，古代的“昆虫”一词，与其在现代科学概念中的释义还是存在着差异的，有时这种差异还很大。在古代，“昆虫”是指数量众多的“虫”，而这里的“虫”往往又被当作是所有动物的总称。

“昆”字，最早见于金文，写作“”。这是一个会意字，上面是“日”字，下面为“比”字。意思是两个人肩并肩亲密地站在太阳底下。后来，“昆”引申为“众”，就是众多的意思。《说文解字・日部》：“（昆），同也。从日，从比。”段玉裁注：“昆者，众也。”[1]《汉书・成帝纪》云：“君道得，则草木昆虫、咸得其所。人君不德，谪见天地，灾异娄发，以告不治。”这里的“昆”字，颜师古注曰：“昆，众也。昆虫，言众虫也。”[2] 这样，在“虫”前加一“昆”字，说明古人心目中的“昆虫”就是众多的虫。

“虫”字，在甲骨文中就有，写作“”，金文中写作“”，均是象形字，像一条头部为三角形的蛇。蛇头为三角形，是毒蛇的象征。故学者一般认为，“虫”字的本义乃是毒蛇。《说文解字》云：“虫，一名‘蝮’，博三寸，首大如擘指，象其卧形。”[3]“蝮”，就是毒蛇的一种。

随着时间的推移，“虫”字指代的意义越来越广泛。《说文解字》云：“物之微细，或行，或毛，或蠃，或介，或鳞，以虫为象。凡虫之属皆从虫。”[4]许慎认为，凡是虫属的汉字所指代的动物都是虫。《尔雅》中的论述也与此相同。《大戴礼记・曾子天圆》云：“毛虫之精者曰麟，羽虫之精者曰凤，介虫之精者曰龟，鳞虫之精者曰龙，倮虫之精者曰圣人。”[5] 这里的“虫”则把人

---

①③④ ［清］段玉裁注：《说文解字》第十三篇下，上海古籍出版社影印经韵楼藏本。

② ［汉］班固：《汉书》，［唐］颜师古注，吉林人民出版社，1998，第195页。

⑤ 姜涛：《曾子注译》，山东人民出版社，2016，第56页。

在内的一切动物都包括在内了。这种观点在古代有着广泛的影响力。比如，古典名著《水浒传》里，就把老虎称为“大虫”。即使在今天，这种影响仍存在。比如，民间方言中还有把蛇称为“长虫”的情况。生活中，有些人被称作“糊涂虫”；青蛙被称为“益虫”；有些地方则把老鼠呼为“老虫”；而有的教科书上也把爬行动物叫作“爬虫类”，等等。

此外，古人有时还用“昆虫”一词特指众多样貌特殊的小动物，它们当中就包括我们现代意义上的“昆虫”或与之类似的小动物。约成书于汉代的我国第一部辞典《尔雅》中有《释虫》篇，该篇与《释鱼》《释鸟》《释兽》等篇并列，这种分类和今天人们把动物大概分为鸟、兽、虫、鱼四大类的做法完全相同；唐代欧阳询《艺文类聚》中有“虫豸部”，与鸟、兽、鳞介部并列；宋代《太平御览》中也有“虫豸部”。《尔雅·释虫》《艺文类聚》《太平御览》等文献中所列的“虫”或“虫豸”，大多数指的是我们现代意义上的“昆虫”或类似的小动物。

到了明代，“昆虫”的含义与现代科学意义上的昆虫概念已经越来越接近了。李时珍《本草纲目》卷三十九《虫部》前言云：

> 虫乃生物之微者，其类甚繁，故字从三虫会意。按《考工记》云：外骨、内骨、却行、仄行、连行、纡行，以脰鸣、注咮同鸣、旁鸣、翼鸣、腹鸣、胸鸣者，谓之小虫之属。其物虽微，不可与麟、凤、龟、龙为伍；然有羽、毛、鳞、介、倮之形，胎、卵、风、湿、化生之异，蠢动含灵，各具性气。录其功，明其毒，故圣人辨之。况蜩、螽、蚁、蚳，可供馈食者，见于《礼记》；蜈、蚕、蟾、蝎，可供匕剂者，载在方书。周官有庶氏除毒蛊，翦氏除蠹物，蝈氏去蛙黾，赤祓氏除墙壁狸虫（蠼螋之属），壶涿氏除水虫（狐蜮之属）。则圣人之于

> 微琐，罔不致慎。学人可不究夫物理而察其良毒乎？于是集小虫之有功、有害者为虫部，凡一百三十六种。分为三类：曰卵生，曰化生，曰湿生。①

在这里，李时珍虽没有提出“昆虫”这一概念，但其所指的虫部已经接近于现代意义上的昆虫了。

到了清代晚期，随着中国与西方文化科学交流的深入，昆虫学作为一门现代生物学科传入了中国。受此影响，光绪庚寅年(1890)，方旭著成《虫荟》五卷，书中专门列有《昆虫》卷。《昆虫》卷中，方氏将“羽、毛、昆、鳞、介”5类动物中的219种小动物归入其中。对于书中“昆虫”这一概念的来源，学者孙诒让在《虫荟》序中做了解释：

> 据《夏小正》昆小虫。传曰：昆者，众也，犹魂魂也。魂魂者，动也，小虫动也。如传言，“昆”之义为众，引申之为动。凡小虫之动者曰“昆虫”，则“昆虫”自有一类矣。《说文》“虫”字下云：“或行，或飞，或毛，或蠃，或介，或鳞，以虫为象。”蠃，同倮。或飞者，羽也。或行者，即昆虫以行与动同义也。博雅许君岂不知五虫之名古无异义，乃或行，或飞，或毛，或蠃，或介，或鳞必备？举其名不以五者而止，则五虫以外确有昆虫可知矣。②

现代科学意义上的昆虫属于节肢动物门昆虫纲。昆虫纲动物在成虫期具有下列主要特征：躯体由若干环节组成，这些环节集合成头、胸、腹3个体段；头部是感觉与取食的中心，具有触角和口器，一般还有复眼及单眼；胸部是支撑与运动的中心；成虫期具有三对足，通常还有两对翅；腹部是代谢与生殖

① ［明］李时珍：《本草纲目》，山西科学技术出版社，2014，第1001页。

② 顾廷龙：《续修四库全书》，上海古籍出版社，1996，第59页。

的中心，其中包括着大部分内脏和生殖系统，没有行走用的附肢。

《虫荟》中，方旭把“六足四翼”作为判断一种动物是否为昆虫的标准之一。至此，“昆虫”一词已经基本具备了现代概念中的意义。“该书中所提昆虫已基本接近于近代昆虫纲所含昆虫。”① 可见，现代昆虫学家对于方旭对昆虫分类的贡献是肯定的。

在漫长的历史长河中，中国的先民在社会实践中不断地对昆虫资源进行着开发和利用，促进了自身物质生产的发展和精神生活的丰富。先民们开发和利用昆虫的行为被后世不断重复，世代传承，形成了历史悠久、源远流长而又鲜明独特的昆虫文化。

所谓的昆虫文化，有广义和狭义之分。广义的昆虫文化是指人类创造的一切与昆虫相关的物质产品和精神产品的总和。狭义的昆虫文化专指与昆虫相关的精神产品。如，语言、文学、艺术等。

本书的研究对象是狭义上的中国昆虫文化。由此，我们可以对中国昆虫文化做如下界定：

中国昆虫文化是在历史更迭中创造并发展起来的，保留在中华民族中间的，具有稳定形态的，对现代社会仍有影响的，与昆虫相关的精神文化现象。它是在一定历史条件下，国人及其生存环境辩证地互相作用的结果，是经过劳动创造和生活提炼的精神产品。它渗透在国人思想观念、思维方式、价值取向、道德情操、生产生活方式、礼仪制度、风俗习惯、宗教信仰、文学艺术、教育科技等领域。

---

① 周尧、王思明、夏如兵：《20世纪中国的昆虫学》，世界图书出版西安公司，2004，第223页。

第二节　中国昆虫文化的特征

中国昆虫文化作为传统文化的重要组成部分，既符合中国传统文化的一般规律，又具有自身的特征，概括来说，它的特征主要包括以下几个方面：

第一，中国昆虫文化具有神秘性。

昆虫虽然和人类关系密切，但在古代，受认知能力所限，人们对这些身型细小而生命细微的小生物缺乏了解，往往会产生神秘之感，由此便给昆虫文化裹上了一层神秘的外衣。

比如，蚕虽是人类亲密的伙伴，但先民们却对它从卵到虫，从虫到蛹，由蛹破茧生蛾，又由蛾生卵的生命循环过程充满了好奇和疑惑。在这种好奇和疑惑心理驱使下产生的神秘感，启发了他们对生死循环转化的联想，从而赋予了蚕神圣的宗教意义，进而生出了对蚕的崇拜。因此，先民们不但用丝绸充当祭品，制作祭服，而且还给死者穿上用丝绸做的尸衣。目的是希望死者能借助丝绸如蚕一样获得超自然的神力，死而复生。此外，交战双方停战时，被称为“化干戈为玉帛”，则是取丝绸象征天意的意义。《礼记正义》云：“禹会诸侯于涂山，执玉帛者万国。”[①] 根据文献记载，上古时期，重大的祭祀活动往往会在桑林中进行。[②] 久而久之，这种崇拜便进一步转化为对蚕神的信奉。织女、嫘祖、马头娘、紫姑等一系列关于蚕神的神话传说，更为蚕文化增添了神秘的意味。

又如，古人缺乏对萤火虫来源的科学认识，很多人形成了“腐草化萤”的误解。《礼记·月令》云：“季夏之月，……腐草

---

① ［汉］郑玄注，［唐］孔颖达疏：《礼记正义》卷十一《王制第五》，中华书局，1980。

② 赵丰：《中国丝绸通史》，苏州大学出版社，2005，第 14－16 页。

为萤。”[1]《逸周书》载：“大暑之日，腐草化为萤……腐草不化为萤，谷实鲜落。”[2]《易通・卦验》曰：“立秋腐草化为萤。”[3]更有甚者还认为萤火虫是鬼魂所化。《酉阳杂俎》载：

> 登封尝有士人，客游十余年，归庄，庄在登封县。夜久，士人睡未著，忽有星火发于墙堵下，初为萤，稍稍芒起，大如弹丸，飞烛四隅，渐低，轮转来往，去士人面才尺余。细视，光中有一女子，贯钗，红衫碧裙，摇首摆尾，具体可爱。士人因张手掩获，烛之，乃鼠粪也，大如鸡栖子。破视，有虫首赤身青，杀之。[4]

萤火虫身上的神秘色彩，使民间百姓对它产生了迷信。在某些民间传说中，萤火虫的出现被视为凶兆，它飞到谁家，谁家就会倒霉，不是生病就是死亡。而在有些民间传说中，萤火虫的出现则是吉兆，它们的出现预示着佳客登门、仕途顺利等。康熙《山阴县志》记载：“萤一名挟火，越人谓入室则有客。”[5]有些地方的民俗中还用萤火虫占卜年景收成，但方式有些残酷，人们把萤火虫放在地上，用脚踩着一拖，根据地上出现的印迹来判断年景丰歉，线粗且长便象征稻穗肥大，可望丰收；反之，就意味歉收。

第三，中国昆虫文化具有功利性。

中国自古以来以农立国，在农业生产中，人们对害虫防治与益虫利用非常重视。这一点表现在文化方面，就是人们往往通过文学艺术、民俗仪式等方式来表达对害虫的诅咒厌恶之意和对益

---

① ［汉］郑玄注，［唐］孔颖达疏：《礼记正义》卷十一《王制第五》，中华书局，1980。

② ［晋］孔晁：《逸周书》卷六，《丛书集成初编本》，商务印书馆。

③ ［唐］徐坚：《初学记》卷三十《虫部》，乾隆五十一年文渊阁四库全书本。

④ ［唐］段成式：《酉阳杂俎》，齐鲁书社，2007，第158页。

⑤ ［清］高登先修，［清］沈麟趾、单国骥：康熙《山阴县志》卷七，民国抄本。

虫的赞美歌颂之情。人们思想中的这种趋利避害的观念使得昆虫文化具有了明显的功利性特征。

比如，在文学作品中人们往往对蚕等“益虫”发出由衷的赞美。战国时期，荀子创作了《蚕赋》，在赋中，荀子通过总结“蚕理”，宣扬自己“隆礼而治”的思想，把蚕文化提升到了儒家正统的地位，弘扬了蚕文化蕴含的人文精神。而唐代诗人李商隐的诗句“春蚕到死丝方尽，蜡炬成灰泪始干”①，则把春蚕象征的执着、坚贞、奉献精神表现到了极致，成为传颂千古的佳句。当代著名画家潘絜兹在他的《春蚕颂》中写道：“春蚕化生，蕞而微虫，春蚕吐丝，幻若彩虹。春蚕何取，一桑始终，春蚕春蚕，万世可风”②，也对春蚕的品质进行了高度赞美。

又如，许多民俗文化中包含着人们对蝗虫等“害虫”的诅咒厌恶之情。蝗虫一直是严重危害农业生产的害虫之一。蝗灾到来时，庄稼往往颗粒无收，百姓饿殍遍地，凄惨无比。古人为消除蝗灾，除了运用捕捉、诱杀等物理手段外，还会借助“交感巫术”等形式，对蝗虫进行跨越时空的“诅咒”，希望以此消除虫灾带来的危害，收获吉祥如意的美好生活。《旧唐书·五行志》载：“贞观二年六月，京畿旱，蝗食稼。太宗在苑中掇蝗，咒之曰：‘人以谷为命，而汝害之，是害吾民也。百姓有过，在予一人，汝若通灵，但当食我，无害吾民。’将吞之，侍臣恐上致疾，遽谏止之。上曰：‘所冀移灾朕躬，何疾之避？’遂吞之。是岁蝗不为患。”③ 在我国哈尼族的“捉蚂蚱节”“吃蚂蚱节”等节日中，人们就是通过捕捉、食用蝗虫的行为，表达消除蝗灾、祈盼丰收的愿望的。

---

① 周振甫：《唐诗宋词元曲全集　全唐诗》，黄山书社，1999，第240页。

② 冯大中：《春蚕颂　纪念潘絜兹先生文论集》，北京工艺美术出版社，2013，第163页。

③ ［晋］刘昫：《旧唐书》，廉湘民标点，吉林人民出版社，1995，第857页。

第三，中国昆虫文化具有民族性。

中国是一个多民族的国家，昆虫与各民族的生产、生活密切关联，深刻地影响着人们的物质和精神生活，形成了丰富多彩的，具有民族性的昆虫文化现象。这在昆虫食用、昆虫药用、昆虫养殖、虫害防治、昆虫神话传说、昆虫文学、昆虫绘画、昆虫民俗等诸多方面均有体现。

比如，昆虫文化的民族性特色在昆虫民俗节日方面有着突出的体现。我国的传统节日众多，据统计，从古至今，我国56个民族约创造节日1 700多个，其中少数民族节日1 200多个，汉族节日约500个左右。在这庞大的节日群落中，丰富多彩、数量众多的昆虫节日颇引人注目。据彩万志研究，中国传统的昆虫节日约有100多个，在四季中均有分布。[①]

昆虫节日的民族性主要体现在两方面：

一是，同一节日在不同的民族中，甚至在同一民族的不同支系中往往有着不同的表现形式。如，我国的仡佬族、布朗族、哈尼族等民族均有“吃虫节”，但在所吃昆虫的种类、烹调方法和节日仪式等方面却有着不少的差异。仡佬族的虫菜别具风味，有酸蚂蚱、油渣蝗虫、糖炒蝶蛹等。布朗族主要食蝉，人们做的蝉酱风味独特。哈尼族吃蚂蚱更注重仪式性，人们捉到蚂蚱之后，首先把蚂蚱撕成头、腿和翅膀各一份，然后用竹片或木棍夹起来，插在地头、田边，用以威吓那些还没有被捕捉到的蚂蚱，使它们不敢去危害庄稼，最后人们才把这些被撕碎的蚂蚱收拢起来，回家做成美味的菜肴。

二是，不同民族由于地理、历史及人文条件的不同，往往有着自己独特的节日。如，生活在贵州不同地区的布依族，在农历六月初六就有“蚂螂节”“歌仙节”“扫田坝”等不同的昆虫节日；生活在湖北和贵州一带的土家族有“射虫日”“喂果树”等昆虫节日；生活在云南、贵州一带的哈尼族有“捉蚂蚱节”“苦

① 彩万志：《中国昆虫节日文化》，中国农业出版社，1998，第2页。

扎扎节”“托资节”等昆虫节日。这些民族的昆虫节日，在形式和内容上除了少数与汉族的昆虫节日相同外，绝大部分是具有自己民族特色的节日。

第四，中国昆虫文化具有地域性。

我国幅员辽阔，各地的气候、水文、土壤、地势地貌等环境因素千差万别。由此，产生了不同类别的经济区域。生活在这些区域中的人群，就产生了不同的生产方式和生活方式，在此基础上，形成了多元性与丰富性共生的文化格局和多姿多彩的民俗民风。与之相应，生活在不同地理区域的各族人民自然会有不同的思维方式、价值观念和兴趣爱好。这就形成了丰富多彩的地域文化，包含其中的昆虫文化便也表现出了明显的区域性特征。

比如，我国历史悠久的鸣虫文化就具有明显的区域性特征。鸣虫主要以直翅目昆虫为主，以蟋蟀为例，由于人文环境和地理环境的不同，各地出产的蟋蟀也会良莠不齐，善斗好鸣的蟋蟀往往会出现在某些特定的区域。位于汶水之阴、泰山之阳的山东宁阳县自古以来就因蟋蟀闻名遐迩。宁阳素有“斗蟋摇篮”“蟋蟀圣地”等美名，是中华蟋蟀文化之故乡，拥有历史悠久而又丰富多彩的蟋蟀文化。

宁阳蟋蟀文化的兴盛，是因为宁阳出产的蟋蟀具有良好的品质，而这种良好的品质又得益于宁阳县，特别是泗店镇得天独厚的地理环境。该地地处酸碱度适宜的钙质褐土区；洸河、宁阳沟、赵玉河等河流纵贯南北，使得其地下水资源非常丰富；该地气候适宜、湿度适当、土地肥沃、五谷齐全，可供蟋蟀食用的食料众多，而且营养丰富；该地更有南接孔子故里曲阜之灵气，北依东岳泰山之大气，东纳神童山之神气，西望水泊梁山之豪气。如此人杰地灵的特殊地理环境，使宁阳县尤其是泗店镇、乡饮乡等地区成为鸣虫繁衍生息、品质养成的风水宝地。

第五，中国昆虫文化具有综合性。

中国的昆虫文化内涵极其丰富，与文学、艺术、民俗、宗教等文化形式共同构成了博大精深的中华民族文化，成为世界文明的绚丽瑰宝。

比如，中国历朝历代的文人墨客创作出的与昆虫相关的文学作品可谓层出不穷，留下了许多脍炙人口的名篇佳作。先秦时期，《诗经》中的“螓首蛾眉”说尽了美人的妩媚；庄周的蝴蝶之梦，道出了哲人的超脱。魏晋南北朝时的《蝉赋》《青蝇赋》《蜜蜂赋》等隐喻着雅士文人的复杂情感。唐宋时期，文坛群星闪耀，在文人的如花妙笔下，蝴蝶、蟋蟀、螳螂、蜜蜂等昆虫在文苑里徜徉，寄托着作者美好的幻想与复杂的情思。明清时期，在《聊斋志异》《红楼梦》《西游记》等皇皇名著中，读者也经常可见昆虫迷人的魅影。

又如，我国各民族的民俗风情中与昆虫相关的比比皆是。蜜蜂能酿蜜又能产蜂蜡，给人们带来财富，让人们发家致富。因此，自古以来，人们就将蜜蜂视为勤劳和甜蜜的化身。许多民族都把蜜蜂看作婚礼中的吉祥虫。在我国拉祜族的习俗中，人们捕蜂制成蜂蜡烛，举行婚礼时，一定要让一对新人点燃两支蜂蜡烛，喻示他们婚后的生活一片光明且充满幸福与甜蜜。新疆乌鲁木齐地区的俄罗斯族人在举行婚礼时，主持婚礼的神父会在新郎新娘交换戒指后，也让他们一人点一支蜂蜡，以祝愿他们婚后生活甜蜜。京族的新郎新娘在迎亲之日，当婚礼进行到高潮时，会高唱《结义歌》，自比蜜蜂和蚕虫，结为一对勤劳、恩爱、婚姻美满的夫妻。

再如，昆虫入画在中国也有着悠久的历史，草虫画就是绘画艺术中的重要门类。南北朝时期，真正意义上的草虫画开始形成，南朝宋顾景秀首创蝉雀画，有《蝉雀麻纸图》传世。唐朝时期草虫画的高手增多，如阎玄静，主要善画蝇、蝶、蜂、蝉等。宋代以草虫画闻名于世者有徐崇嗣、易元吉、赵昌等。易元吉善画蜂蝶；赵昌善画蝴蝶。而清代的《芥子园画传》则介绍了蛱蝶、蜂、蛾、蝉、蜻蜓、豆娘、螽斯、蚱蜢、蟋蟀、飞蜓、蚂蚱、络纬、螳螂、牵牛等 14 种昆虫画法，虽用笔简单，却形神兼备，该书还总结了历代绘画草虫的经验和理论，被视为后世学画者临摹的入门之作，在艺术界影响深远。近代齐白石先生也善画草虫，《群蝶》《豆角蟋蟀》《藤萝蜜蜂》《蜻蜓》《贝叶蝉》等都是他的代表之作。

第三节　中国昆虫文化的功能

昆虫文化作为古老中华文化的重要组成部分，在满足国人生存需要和带动社会发展方面发挥了重要的功能。具体来说，中国昆虫文化具有以下几种功能：

第一，中国昆虫文化具有满足需要的功能。

昆虫既与人们的衣、食、住、行等物质文化密切相关，可以满足人们的生理需要，又与风俗习惯、文学艺术等精神文化息息相关，可以满足人们的心理需要。由此，昆虫文化就在一定程度上具有满足人们生理和心理双重需要的功能。如，人们最喜闻乐见的食用昆虫文化，既可以满足人们纯生理需要，又具有社会性的精神文化内涵。人类食用昆虫的历史可以上溯到那个“茹毛饮血”的蛮荒时代。当时生产力极度低下，人们极度缺乏食物，在采集果实和狩猎难以填饱肚子的情况下，先民们自然会努力扩大食物的来源。在这种情况下，数量庞大而又随处可见的昆虫，被纳入人们的食用范围，也是再自然不过的事情了。从生食到熟食，再到使用各种烹饪手段加工成菜肴，昆虫的口感和滋味越来越美。随着人们认识和改造自然的能力不断提高，可食用的昆虫越来越多，食虫人的数量不断增加，食用方法日益丰富，食虫行为也越发地讲究，食虫越来越多地具有了象征意义。经年累月，食用昆虫就不仅仅是临时的食物补给，而逐渐成了一种饮食习俗，包孕了丰富的文化内涵。

据文献记载，早在上古时代，食用昆虫就已经成为我国先民日常生活中的习俗。周代贵族所食的菜单中就包含有“爵、鷃、蜩、范”等。郑玄注云：“蜩，蝉也；范，蜂也。”[①] 可见，当时蝉和蜂已经是贵族筵席上的菜肴了。又云：“腶修蚳醢，脯羹兔醢，麋肤鱼醢。”[②] 这里的“蚳”，《周礼注疏》曰：“蚳，谓蚁之子，取白者以为醢。”[③] “醢”，《说文解字》云：“醢，肉酱也。”[④] “蚳醢”，就是用白色蚁卵做成的酱。这种酱，在周代不仅是王室贵族所喜食的珍贵美味佳肴，还是他们祭祀时使用的祭品，这赋予了食虫行为礼仪的属性。

第二，中国昆虫文化具有认知的功能。

昆虫文化中有着深厚的科学与人文的意蕴，这就使之具有了教化和娱乐双重功能，通过它，人们可以了解丰富多彩的昆虫文化知识，而这些昆虫文化知识不断积累延续，在创新中得到充实，并一代一代传承下去，可以让后人知古鉴今，从而认识中华民族特有的文化心理、审美观念和民族意识。

比如，许多与农事有关的昆虫诗，作为现实主义作品，其中所描绘的农耕图景，真实地再现了富有时代特色的生产和生活。这些诗篇不但具有很高的社会价值，而且还具有较强的学术价值，可以帮助我们了解当时昆虫科学的发展水平。这些作品涉及蚕桑、虫害防治等方面的内容，可作为古代农史和昆虫学史研究的珍贵参考史料。

《诗经》中的诗歌也有不少涉及对桑蚕的描写，可以让我们了解先秦时期桑蚕业的发展状况。《诗经·国风·定之方中》有“降观于桑”“说于桑田”[⑤]；《诗经·魏风·十亩之间》有“十亩之间兮，桑者闲闲兮”[⑥]；《诗经·豳风·七月》有“春日载阳，有鸣仓庚。女执懿筐，遵彼微行，爰求柔桑”[⑦] 等诗句。这就能

---

①② ［汉］郑玄注，［唐］孔颖达疏：《礼记正义》卷十一《王制第五》，中华书局，1980。

③ ［汉］郑玄注，［唐］贾公彦疏：《周礼注疏》卷四，中华书局，1980。

④ ［汉］许慎：《说文解字》卷十四，嘉庆十四年孙星衍平津馆刻本。

⑤⑥⑦ ［汉］郑玄注，［唐］孔颖达疏：《毛诗正义》，中华书局，1980。

够说明，在当时已经有了人工栽植的桑田，而且规模很大，达到了“十亩”之多。桑田之间，众多的采桑女忙忙碌碌地采摘着桑叶。采桑作何用途？自然不是为喂养野外放养的蚕，而是去喂养家里的蚕。可见，在当时，人们不但已经开展室内养蚕，而且养殖规模应当很大了。

关于田间害虫的防治，古代诗歌中也有相关描写。《诗经·小雅·大田》云：“去其螟螣，及其蟊贼，无害我田稚。”[①] 这表明，我国农民在很早以前就已经懂得进行虫害的防治了。汉代乐府诗《孤儿行》载：“春气动，草萌芽，三月蚕桑，六月收瓜。”[②] 诗中对草木与昆虫等自然界物候变化的描写，反映随着季节转换，人们进行相应的农事活动的情况。

又如，中国民间蝉信仰的形成和发展与巫教、道教和佛教等多种传统文化都有着密切的关系。其中，民间蝉信仰与佛教的渊源尤为深刻，这种渊源主要表现在民间蝉信仰中蝉的名称、蝉鸣、蝉的蜕变等内容所包含的思想观念与佛教苦、集、灭、道四圣谛，生死轮回观念等方面的基本理论以及对立统一的思维方式有着千丝万缕的联系，二者渊源深厚、相辅相成，生动诠释了中国文化厚重的哲学意蕴与深刻内涵。

第三，中国昆虫文化具有规范的功能。

社会规范是文化的重要组成部分，它通过社会舆论、规章制度等表现出来，并渗透在大众的感情倾向、理想风俗和习惯信念中，是人们辨别是非善恶、美丑的标准，规范着人们的思想和行为，是社会得以在一定秩序中存在和发展的重要前提。

昆虫文化具有一定的社会规范功能，可以通过某些关于昆虫的制度表现出来。比如，在古代蝗灾盛行的时候，朝廷会设置专门的机构来加强国家治蝗的职能。唐代开元年间，姚崇治蝗时设“捕蝗吏”，专门负责全国的治蝗工作。熙宁八年

---

① ［汉］郑玄注，［唐］孔颖达疏：《毛诗正义》，中华书局，1980。

② ［宋］郭茂倩：《乐府诗集》，上海古籍出版社，2016，第508页。

(1075)，宋神宗颁布《熙宁诏》，用以规定捕蝗的办法，这被认为是世界最早的治蝗法规。淳熙九年（1182），孝宗颁布《淳熙敕》，对捕蝗奖惩办法做了更为详细的规定。清代山西地方政府制定了《捕蝗章程》，规定，“倘该乡地人等，挖捕不力，于十日内不能净尽，甚至长翅飞腾，查出先将乡地提比，仍将村民一并严行枷责示众，决不姑宽。”[①] 这些规章制度对于治理蝗灾过程中规范人们的治蝗行为，安定民心起到了重要的作用。

一些关于昆虫的精神文化，也通过对人们的感情倾向、心理结构、风俗习惯等影响，起到社会规范的作用。宋儒张载云：“民吾同胞，物吾与也。”[②] 这反映了由中国传统文化中天人合一理念而衍生出的尊重自然、尊重生命、兼爱万物的生态伦理观念为国人所广泛接受，对人们思想行为有着深刻的影响。这使得古人在处理人与昆虫之间的关系时，往往会不同程度地带有敬畏生命的生态伦理观念。比如，民间流行的昆虫节日庆典中往往都有祭拜神灵的仪式，人们期望神灵制止害虫的破坏行为，以保证庄稼丰收和生活安定。这种思维方式其实反映了古人在无法控制灾害的情况下，对于协调人与自然之间冲突的渴望。按照这种想法，先民们没有简单地把防治病虫害看作人与害虫间不可调和的战争，而是希望借助神灵的力量，化解人与昆虫之间的矛盾，达到人与自然、人与昆虫的和谐共存。

第四，中国昆虫文化具有凝聚的功能。

各民族间都有共同文化，这种共同文化，可以增强人们对民族属性的认同感，从而很自然地仿效自己同胞的语言、服饰、习俗甚至思维方式。这样，共同文化就成了民族成员紧密团结的基础，产生出一种巨大的凝聚力。昆虫文化作为各民族的

---

① ［清］张集馨：《道咸宦海见闻录》，中华书局，1981，第 28 页。

② ［清］王夫之：《张子正蒙》，上海古籍出版社，2000，第 131 页。

共同文化同样提供了社会凝聚力的基础，有着增强民族凝聚力的作用。

比如，我国众多的民族神话中，就有不少民族把昆虫作为自己的始祖。苗族人民认为，蝴蝶是自己民族的始祖。苗族民歌《蝴蝶歌》中描绘了这样一个故事：蝴蝶从枫树中出生后，以树液为乳汁，以手指为梳，以鱼为食，以竹膜为衣，以冰凌为手镯，长大后与泡沫结合，生下十二枚蛋，蛋孵出了苗族的祖先和其他动物。景颇族的神话传说《目瑙斋瓦》，较细致地描述了人类由昆虫演变成猴子，再由猴子演变成人类的过程。壮族的神话传说则认为是螟蛉子（螟蛾的幼虫）和拱屎虫（蜣螂，俗称屎壳郎）造出了天地，具有开天辟地的地位。

这些同源共祖的昆虫始祖神话，不但提升了各族人民适应和改造自然的勇气，有助于各民族社会道德取向的形成，而且还使各族人民在对共同起源与共同世系的追溯中，具有了民族社会凝聚力的基础，从而在消除民族隔阂、促进民族融合、增加民族团结和凝聚力方面发挥了重要作用。

第五，中国昆虫文化具有娱乐的功能。

昆虫不仅可以作为人类的食物、工业原料、药材等资源，还可以供人们观赏娱乐，昆虫的娱乐功能，大大丰富了人类的精神生活。

比如，蝉文化就具有典型的娱乐功能。蝉可以食用，又善鸣，民间百姓对其青睐有加，在民间兴起蓄养之风，形成了养蝉娱乐的民俗文化。蝉被蓄养的起始年代尚不能确定。《庄子·达生》里记载的佝偻丈人，是一位技艺超群的捕蝉高手，他捉了那么多的蝉，除了食用之外，装在笼子里一些，作为赏玩的宠物也是完全可能的。

至迟到唐代，蝉已被人们笼养，养蝉者多是妇女和儿童。《说郛》云："唐世，京城游手夏月采蝉货之，唱曰：'只卖青林乐！'妇妾小儿争买，以笼悬窗户间。亦有验其声长短为胜负者，谓之'仙虫社'"[1]。这说明，当时的社会中，有关蝉的娱乐方式雅俗并存，不但有文人雅士以诗词歌咏蝉鸣，实现精神寄托的高雅方式，亦有老百姓喜闻乐见的，以笼养蝉听取蝉鸣的通俗方式。老百姓喜欢蝉鸣，不满足于单调的"独乐乐"，而是喜欢热闹的"众乐乐"，大家聚在一起，以蝉鸣的长短进行比赛，决定胜负。这种比赛不仅流行而且隆重，以至于人们结成"仙虫社"这样的组织，来进行比赛。这"仙虫社"恐怕算是古代最早的民间鸣虫组织了。

直至清代，还有这种以笼养蝉的风俗。清代陈淏子《花镜·养昆虫法》"鸣蝉"条上云："小儿多称马蜰，取为戏，以小笼盛之，挂于风檐或树杪，使之朗吟高噪，庶不寂寞园林也。"[2] 李斗《扬州画舫录》卷十一云："堤上多蝉，早秋噪起，不闻人语。长竿粘落，贮以竹筐，沿堤货之，以供儿童嬉戏，谓之'青林乐'"[3]。可见，"青林乐"一语，自唐至清，一直在市井流传，说明捕蝉养蝉之风没有间断。

又如，萤火虫是美丽的发光昆虫，更是与传统文化完美结合的民俗文化昆虫。耀眼夺目、明暗闪烁间与星光交相辉映的萤光，不仅带给人们视觉上的享受，还有精神上的慰藉。

观萤娱乐的民间习俗在唐代就已经兴起。唐代韦应物《玩萤火》："时节变衰草，物色近新秋。度月影才敛，绕竹光复流。"[4] 就描写了当时老百姓观赏萤火虫放飞的盛况。到了清代，市场上还有人捉萤火虫来卖，人们买来萤火虫之后，将其做成萤火虫灯，以供赏玩。李斗的《扬州画舫录》中，有关于萤火虫灯的记载："北郊多萤，土人制料丝灯，以线系之，于线孔中纳萤。其式方、圆、六角、八角及画舫、宝塔

---

① ［明］陶宗仪：《说郛》，中国书店，1986，第 248 页。

② ［清］陈淏子：《花镜》，农业出版社，1962，第 44 页。

③ ［清］李斗：《扬州画舫录》卷十一，乾隆六十年李斗自然庵刻本。

④ ［清］彭定求：《全唐诗》卷一百九十三，康熙四十五年扬州诗局刻本。

之属，谓之‘火萤虫灯’”[①]。可见，萤火虫灯可谓花样众多。这种放飞、观赏萤火虫的娱乐方式一直流传至今。在现代婚礼、节日庆典、旅游观光等文旅活动中，放飞萤火虫的项目深受广大民众青睐。

---

① ［清］李斗：《扬州画舫录》卷十一，乾隆六十年李斗自然庵刻本。

第二章
远古时期中国昆虫文化的发轫

中国昆虫文化历史悠久，起源甚早。从科学家对灵长目动物食性的研究成果中可以了解到，猩猩有吃白蚁、蚂蚁等昆虫的习性。猩猩是人类的远祖一类人猿的近亲，有理由推测，从人类诞生那天起，就已经开始食用昆虫了。在“茹毛饮血”的蛮荒时代，生产力极度低下，食物极为匮乏，无处不在的昆虫，“曾在人类食谱中占过重要地位”①。由生食到熟食，再到运用各种烹饪手段加工成食品，人类的昆虫大餐越做越美味。而随着人们认识、改造自然能力的提高，可吃的昆虫越来越多，食虫人的数量不断增加，加工方法日益丰富，食虫方式越发讲究，更多地包孕了文化的内涵，具有了丰富的象征意义。相沿日久，食用昆虫就由临时的食物补充，而逐渐成为一种颇具特色的饮食文化了。

除了饮食文化，从目前出土的考古文物来看，蝉、蚕、蝴蝶等类型的昆虫文化发轫也非常的早，而这些昆虫文化又都以对昆虫的崇拜为起源。

① 周尧：《中国昆虫学史》，天则出版社，1988，第44页。

第一节　蝉文化的发轫

20 世纪 80 年代，考古学家在内蒙古林西县白音长汗新石器时代早期的兴隆洼遗址中，发掘了一件玉蝉，距今已有 8 000 多年，这是截至目前我国出土的历史最悠久的玉蝉。① 此外，在新石器时代晚期的红山、石家河、良渚等多处文化遗址之中，考古学家也发掘了为数不少的玉蝉。而这些出土玉蝉正是上古先民蝉崇拜的标志性物件。

那么，蝉崇拜是如何发生，又是如何表现的呢？

蝉崇拜的发生具有多种因素。

首先，原始先民思维中万物有灵的观念是使得蝉崇拜产生的主要原因。

万物有灵是原始先民普遍持有的思维方式。

> 原始人普遍认为，世界是由一群有生命的存在物构成的。自然的力量，一切看到的事物，对人友好的或不友好的，它们似乎都是有人格，有生命，或有灵魂的。在一个人，一朵花，一块石头和一颗星星之间，在涉及他们有生命本体的范围内是不加区分的。假如有一个人从一块石头上滑下来，摔了一跤，这石头就是恶意的，或者他去钓鱼，一撒网就大丰收，这必须归之于某一自然神的恩赐，他便认定对最明显的东西——也许是那个湖泊——加以崇拜。②

在原始先民们的眼里，蝉是一个神秘的存在。蝉的生命历程非常奇特，蝉产卵后，幼虫钻入地下，经过蛰伏，爬出地面，脱

---

① 中国社会科学院考古研究所内蒙古工作队：《内蒙古敖汉旗兴隆洼聚落遗址 1992 年发掘简报》，《考古》1997 年第一期。

② 〔英〕爱德华·泰勒：《原始文化》，广西师范大学出版社，2005，第 199 页。

壳生羽，飞身树端，然后成虫产卵，又开始了新的生命循环。这种现象让先民产生了蝉不死的感觉。此外，蝉“不食人间烟火”而具有“餐风食露”的生活习性，也令先民们迷惑不解。再者，蝉出现的时间段，多是风雨雷电等自然现象的多发期。而且，古代巫师发现，蝉壳（蝉蜕）还能用作药，为民治病去祸。这些使认知能力有限的先民根本没办法解释的现象，给蝉的身上蒙上了一层迷雾。在万物有灵观念的驱使下，这种浓厚的神秘感自然而然会引发先民们产生对蝉的崇拜之情。

其次，蝉强大的生殖能力是致使先民们产生蝉崇拜的重要因素。

蝉产卵的数量很多。法布尔在《昆虫记》中记载：“洞穴内蝉卵数量的变化是很大的，每个孔有 5～15 个不等，平均则是 10 个左右。通常在这样的情况下，蝉产卵会钻 30～40 个孔，而蝉一次要产的卵则达 300～400 个。”① 这表明蝉有很强的生殖能力，这正符合先民们希望子孙昌盛，后代绵延不断的心理倾向。因此，崇拜蝉在先民们看来是有利于种族繁衍的行为。

原始先民们蝉崇拜的形式多种多样，宗旨都是将蝉神化成超自然的力量，自发地顶礼膜拜，用祭祀等方式取悦神灵，祈求神灵对人类赐福。先民们蝉崇拜的形式主要有以下几种：

一是将蝉作为氏族图腾来崇拜。

在中国文化史上，蝉曾是舜帝部落的图腾。翦伯赞《中国史纲》载：“传说中谓舜之族穷蝉氏，其后分化为十二个氏族。在此十二族中，有来氏。来者，麦也。据此，则舜之族的共同图腾为蝉；其后亦有以麦为图腾之支族。”② 穷蝉是舜帝的高祖，《史记·五帝本纪》载：“虞舜者名曰重华。父曰瞽叟，瞽叟父曰桥牛，桥牛父曰句望，句望父曰敬康，敬康父曰穷蝉，穷蝉父曰帝

① 〔法〕法布尔：《昆虫记》，余继山编译，上海科学普及出版社，2017，第 125 页。

② 翦伯赞：《中国史纲》第一卷《殷周史》，商务印书馆，2010，第 127 页。

颛顼。”①

二是制成玉蝉作为佩饰。

玉实际上是一种石头。汉代许慎《说文解字》云：“玉，石之美者。”② 人类的祖先在生产生活实践中把质地比一般石材更细腻坚硬、有光泽、略透明的彩石视为美石，认为这些美石是上天赐予的，是一种具有通神功能的神奇灵异之物。于是先民们对这些神异的“美石”产生了崇拜之情，并加以佩戴，以期获得上天的保佑。

中国的玉崇拜可追溯至旧石器时代的山顶洞人时期。考古学家在山顶洞遗址发现了一枚扁圆形、似染三道红色的小砾石，以及穿孔石珠、石坠等八件石制装饰品。专家认为，这些小砾石是“‘灵物玉’的‘始祖’，而与之相伴出土的穿孔石珠和石坠等八件石制装饰品，……既是‘灵魂石’亦即‘灵魂的寓体’，同时也是具有审美意义的石形器，称之为‘灵物玉’”③。这时期的玉崇拜被称为“灵物玉”阶段。

随着时间的推移，玉崇拜由“灵物玉”阶段进入了“神玉”阶段。《越绝书》中，风胡子云：“至黄帝之时，以玉为兵，以伐树一木，为宫室，凿地；夫玉，亦神物也。”这里把玉看成是神奇灵异之物，这种观点被学界称为“玉神物论”。它大体有以下含义：“（1）玉是神灵寄托之物体或外壳；（2）玉是神之享物，也就是供神吃的食物；（3）玉是通神之物，巫以玉上飨神灵，下达神灵之旨意。”④

于是，先民们怀着对蝉和玉的双重崇拜心理，做出玉蝉这种

① ［汉］司马迁：《史记》卷一《五帝本纪第一》，商务印书馆，1930 年百衲本。

② ［汉］许慎：《说文解字》卷一，嘉庆十四年孙星衍平津馆刻本。

③ 李枫：《玉与古代中国人宗教观之演进初探—以秦汉前后的历史文物及道教蕴涵的玉文化为例》，《世界宗教文化》2019 年第 2 期。

④ 杨伯达：《巫玉之光—中国史前玉文化论考》，上海古籍出版社，2005，第 107 页。

佩饰，以求得玉和蝉之双重神异功能，从而沟通天神、天地、天人，以求神灵保佑，降福免灾。不仅如此，像玉蝉这类经过加工的玉器显然也具有了审美的价值，这就超出了崇拜文化的范围，具有了民俗文化的意义，从而进入了先民们的日常生活之中。

> 从仰韶文化到大汶口文化、龙山文化等，都发现有各种形制的装饰品，如穿孔磨光的石珠、玉珠、玉璧、兽牙、贝壳等串饰与佩饰，这些造型精美，色彩明丽的小型物件，显然是为了欣赏的需要而制作的。它们之所以令人喜欢，大约不只是由于具有形式美的诸因素，同时在那精美的形象中是可以展示出人的个性、才智和技巧的，这是人赖以征服自然的力量。①

这表明，早在人类文明早期的石器时代，以崇拜文化为起点的丰富多彩的蝉文化就已经渗透于先民的生产和生活中了。

第二节　蚕文化的发轫

蚕带给人们对美好生活的期盼，是人们生活中最亲密的朋友之一，时至今日，人们还亲切地唤蚕为“蚕宝宝”。人们在与蚕朝夕相处的生活中逐渐形成了具有地方特色的、丰富多彩的以蚕崇拜为内核的蚕文化。蚕文化的历史同样非常久远。

我们的祖先，在很早以前就学会利用栖息在柞树和槲树上的“野蚕”产生的蚕茧缫丝织绸。后来，随着生产经验的积累，人们又通过在家中饲养的方式，将“野蚕”变成了“家蚕”。著名的考古学家李济先生在对山西夏县西阴村属于新石器时代的仰韶文化遗址的发掘中，发现了被利器分割过的半个蚕茧壳。经著名

① 王杰：《马克思主义美学研究》，东方出版中心，2017，第191－192页。

昆虫学家，中国昆虫学创始人之一的刘崇乐先生认定，这个蚕茧壳应当是家蚕之茧。[①] 经美国华盛顿国立博物馆斯密士松研究所（Smithsonian Institution）的专家鉴定，也确认系家蚕茧。[②] 考古人员还在新石器时代的浙江湖州钱山漾文化遗址中发现了绢片和丝带，经中国科学院考古研究所检测，认定这些绢片和丝带为人工饲养的家蚕制成的丝织物。[③] 这应当是目前所知世界上最早的丝织品。

这些考古资料均可证明，我国黄河流域和长江流域的早期人类很早就已经开始养蚕织绸，我国是世界上最早饲养家蚕和缫丝织绸的国家。

考古专家在新石器时代的河姆渡文化遗址中挖掘出一个象牙骨盅，上面栩栩如生地刻着四条蚕纹。同时，专家还在残存陶片上发现了似昆虫幼虫沿着叶缘啃叶的逼真图纹。1984 年，在河南荥阳县青台村仰韶文化遗址中，考古人员发现了距今 5 600 多年用于裹尸的浅绛色罗织物。[④] 另外，辽宁砂锅屯仰韶文化遗址中出土了大理石制作的蚕型饰物；山西芮城县西王村仰韶文化遗址和河北正定县南杨庄村仰韶文化遗址中都出土了陶制蚕蛹；江苏吴县梅堰良渚文化遗址出土的黑陶上绘有蚕纹图案；[⑤] 内蒙古巴林右旗那日斯台红山文化遗址中出土了 4 件真玉雕琢的玉蚕和 1 件巴林石雕琢的石蚕[⑥]；等等。

据专家研究，这些出土的具有蚕纹图案的器物、蚕形物等是被古人当作神圣的图腾、祭祀的礼器或施巫术的法器来使用的。这说明，蚕进入人们的生活，受到人们的精心看护和饲养，给人

---

① 李济：《西阴村史前的遗存》，《三晋考古》1996 年第 2 期。

② 《中国蚕业史》上卷，上海人民出版社，2010，第 14 页。

③ 《中国国家人文地理》，中国地图出版社，2017，第 136 页。

④ 吴一舟：《天虫》，上海人民出版社，2005，第 52 - 53 页。

⑤ 王烨：《中国古代纺织与印染》，中国商业出版社，2015，第 66 页。

⑥ 李奕仁、李建华：《神州丝路行　中国蚕桑丝绸历史文化研究札记》上册，上海科学技术出版社，2013，第 28 页。

们的物质生活带来极大的益处，与人类关系日益密切。于是，人们将其视作益虫，把它们作为吉祥、吉利、富裕等美好希望的象征。人们通过各种方式刻画它、塑造它、歌颂它甚至崇拜它，并赋予它丰富的精神文化内涵。因此，在对神秘力量的敬畏和万物有灵观念的驱使下，古人产生了对蚕的崇拜。

蚕崇拜文化的初期，表现为人们对丝绸的崇拜。人们观察到蚕一生从卵至虫到蛹最后化蛾的生命形态变化，就把这种变化与人的生死（如死后羽化升天）、人神的沟通联想在一起。于是，蚕丝织成的丝绸就成了人神沟通的媒介。因此，人们利用丝绸来祭祀鬼神。现今发现的最早的丝绸是河南荥阳青台村出土的距今约5 630年前的仰韶文化时期的丝织物遗存，专家认为它就是用于包裹儿童尸体的尸衣。①

此外，丝绸还可以用来制作祭服，或用作铜、玉等祭器、礼器的包裹物。历史文献的记载中，重大的祭祀活动大都在桑林中进行。②《礼记》载："禹会诸侯于涂山，执玉帛者万国。"③ 这种情况从新石器时代一直延续至商代或西周。

后来，出于崇神的心理，人们的心目中逐渐地生出了"蚕神"，用来保佑蚕业的丰收。蚕神成了蚕崇拜的主要表现形式。

我国民间关于蚕神的传说，可以追溯到史前文明时期。《皇图要览》曰："伏羲化蚕为丝。"④《通鉴外纪》载："太昊伏羲氏化蚕桑为穗帛。"⑤《绎史·黄帝内传》云："黄帝斩蚩尤，蚕神献丝，乃称织维之功。"⑥

---

① 俞为洁：《良渚人的衣食》，杭州出版社，2013，第 150 页。

② 赵丰：《中国丝绸通史》，苏州大学出版社，2005，第 14－18。

③ ［汉］郑玄注，［唐］孔颖达疏：《礼记正义》卷十一《王制第五》，中华书局，1980。

④ 石朝江：《中国史前史读本》，民族出版社，2012，第 117 页。

⑤ 陈振中：《先秦手工业史》，福建人民出版社，2009，第 106 页。

⑥ 袁珂：《中国神话通论》，四川人民出版社，2019，第 156 页。

第三节　蝴蝶文化的发轫

蝴蝶，是大自然中的精灵，是美的化身，古往今来，一直倍受各阶层人们的喜爱。蝴蝶色彩艳丽，体态轻盈，舞姿翩跹，这一可爱的小精灵由于契合了中国人婉约细腻的审美情趣，从而为中国文人带来了巨大的想象空间和丰富的创作灵感，在它身上附加了民族文化内涵。渐渐地，在中国传统文化中，蝴蝶逐渐超越了作为昆虫本身的含义，成为一种表征经验的象征符号，作为中国艺术长河中绵延不绝的一个唯美意象，而与中华民族的文化生活结下了不解之缘。

在距今6 000多年的河姆渡遗址中，考古学家就发掘出6件木制蝶形器，“其形似蝴蝶，两翼展开，上端较平，下缘圆弧，正面微凸，磋磨平整光滑，背面中部有两道平行的纵向突脊，两脊之间形成一道上下不通的凹槽，脊上部往往有钻孔，两翼上端亦有横脊或钻孔。”[①] 关于此类蝶形器的用途，考古学家普遍认为用途不明。但也有学者认为这反映了河姆渡人的蝴蝶生殖崇拜。

> 在原始人的感觉中，蝴蝶的出现总是跟繁花似锦的春天联系在一起。河姆渡一带气候温湿，繁花遍地，是滋生蝴蝶的最佳环境。春、夏、秋简直是蝴蝶的世界，成双成对成团成簇地在花丛中戏耍追逐，颇有点像青年男女间自由的恋爱，而一到深秋和隆冬又忽然不知去向，猜想可能是先人灵魂的物化，随之产生崇拜情绪。而作为一种繁衍人口的图腾，则可能是由于一个极偶然的机缘。也许当时有人把蝴蝶的形象雕琢出来，悬挂在屋子的某个地方，碰巧妇女怀了孕，或母亲顺利地生下

① 中国国家博物馆：《文物史前史》，中华书局，2009，第154页。

婴孩，于是被赋予一种超自然力的神秘的力量，当作民族生殖的图腾（或能带来祥瑞的灵物）加以崇拜。[1]

笔者认为，这些蝶形器作为生殖图腾的可能性还是很大的。这从一些少数民族关于蝴蝶的神话传说中可以得到证明。

黔东南台江县苗族古歌《妹榜妹留》，描绘了妹榜妹留，即蝴蝶妈妈与水泡交往后，孕育出十二枚蛋，这十二枚蛋孵化出了包括人类在内的世间万物。蝴蝶妈妈就成为世界万物及神灵世界的始祖，也是苗族的祖先神。所以，蝴蝶就成为苗族生殖图腾之一，在苗族千百年来传唱的口传文学中有着深刻的记忆与广泛的认可度。蝴蝶生殖图腾崇拜在苗族社会的日常生活之中有着众多表现，如在苗族的刺绣、剪纸、蜡染、银饰中，蝴蝶是极为常见的图案。而且，据统计，在黔东南苗族人的日常用品、服饰以及造型艺术中，不同造型的蝴蝶纹有几十种之多。[2]

滇东南的彝族人也把蝴蝶作为生殖图腾来崇拜。当地民间流传的口传创世史诗《阿细颇先基》的观念是，天神造天地时，用青蝴蝶作天，黄蝴蝶作地，因此，天地由青黄蝴蝶变化而成。天色青苍苍，地色黄茫茫，天地有头有尾，完整无缺，同蝴蝶一样变化运动。另外，滇东南有些地区的彝族女子喜欢戴三角头帕，当地人称为“蝴蝶花”。民俗专家研究它的佩戴情况后认为，这种“蝴蝶花”的内涵就是女性的特殊标志，是女性性别的象征符号，是女性生殖器的表征物。[3]

这样看来，早在史前文明阶段，先民们对蝴蝶的认知就已从物质层面上升到精神层面。蝴蝶在情感层面上与原始宗教相结合，成为民族记忆的载体与情感意识的文化符号，而后世丰富多彩的蝴蝶文化可能就由此发轫了。

---

① 陈忠来：《河姆渡文化探原》，团结出版社，1993，第 180 页。

② 李晖：《黔东南苗族服饰中传统动植物图案的应用研究》，硕士学位论文，中南民族大学，2010，第 9-10 页。

③ 普学旺：《中国黑白崇拜文化》，云南民族出版社，1997，第 57-58 页。

从以上对蝉、蚕和蝴蝶文化的发轫进行的论述中，我们可以看出，以这些昆虫文化的发生为代表，早在史前文明时期，昆虫文化就已经在我国生根发芽，以后历经各个时代，逐渐发展成了中国悠久历史文化中的重要内容。

第三章

先秦时期中国昆虫文化的初步形成

先秦时期是指我国秦朝以前的历史时期，时间范围包括从传说中的三皇五帝到战国时期，主要经历了夏、商、西周和春秋战国几个阶段。

这一时期，生产力有了较大的进步，促进了社会的发展，此时的文化也出现了空前的繁荣局面。尤其是春秋战国时期的诸子百家争鸣，更是被西方学者称赞为人类文明的“轴心时代”[①]。这一时期光辉灿烂的中华文化奠定了随后两千多年中华民族的文化格局和精神走向，“成为中国学术的不竭源头，并初步形成了思想之大体范围和基本的思维方式。”[②]

先秦时期，昆虫已经成为人们一种更为自觉的食物来源，不仅对于丰富人们的饮食生活起到了一定的作用，推动了人们物质生活的发展，而且昆虫与人们精神生活的联系也在很多方面得以体现。比如，某些可食用昆虫被作为祭祀用品，与宗教礼仪产生

① 〔德〕卡尔·雅思贝尔斯：《智慧之路》，柯锦华等译，中国国际广播出版社，1988，第68－70页。

② 张理峰、姜文荣、侯爱萍：《从传统文化视角看当代大学文化的古典内涵》，《山东农业大学学报（社会科学版）》2014年第2期。

了某种程度的联系，进入了政治生活的领域；有些昆虫凭借寓意丰富的汉字表达，被当作生育文化的符号；有些昆虫成为人们的崇拜对象，进入民俗活动；还有些昆虫通过美妙的叫声，曼妙的身姿和绚丽的色彩愉悦着人们的听觉和视觉，给人带来精神的愉悦，成为文学作品中的昆虫意象，进入到人们的审美实践。

这样，以蝉、蚕、蝗、蚁、蜂、螽斯、蟋蟀、萤火虫文化等为主体的昆虫文化在远古时期发端的基础上，与各种社会文化融会贯通，初步形成自己独特的内容，成为具有鲜明特色的中国传统文化的重要组成部分。

第一节　食用昆虫文化的初步形成

先秦时期，食用昆虫已经发展成为人类一种更为自觉的饮食习惯。

根据现存的文献资料可知，中国食用昆虫有文字可考的历史至迟可以追溯到西周时代。那时人们食用的昆虫主要有蚁、蝉和蜂等。《周礼·天官·鳖人》载："祭祀，共蠯、蠃、蚳，以授醢人。"[①]《周礼·天官·醢人》载："馈食之豆，其实葵菹、蠃醢，脾析、蜱醢，蜃、蚳醢，豚拍、鱼醢。"[②]《礼记·内则》载："腵修蚳醢，脯羹兔醢，麋肤鱼醢。"[③] 这里的"蚳"，《周礼注疏》曰："蚳，谓蚁之子，取白者以为醢。"[④] "醢"，《说文解字》云："醢，肉酱也。"[⑤] "蚳醢"，就是用白色蚁卵做成的酱。这种酱，在周代不仅是王室贵族所追捧的珍馐美馔，而且还是他们祭祀时使用的祭品。《礼记·内则》中记载的周代贵族所食的菜单

①②④ ［汉］郑玄注，［唐］贾公彦疏：《周礼注疏》卷四，中华书局，1980。

③ ［汉］郑玄注，［唐］孔颖达疏：《礼记正义》卷二十七，中华书局，1980。

⑤ ［汉］许慎：《说文解字》卷十四，嘉庆十四年孙星衍平津馆刻本。

中列有“爵、鷃、蜩、范”等。郑玄注云：“蜩，蝉也；范，蜂也。”①

可见，当时蝉和蜂也已经是贵族筵席上的佐食。至于具体的烹制方法和食用方式，目前还尚未发现有相关文献记载，后世学者对此有所推测。清代经学大师江永云：“周礼虽极文，然犹有俗沿太古近于夷而不能革者。如祭祀用尸，席地而坐，食饭食肉用手，食酱以指，酱有蚳子，行礼偏袒、肉袒，脱屦升堂，跣足而燕，皆今人所不宜，而古人安之。”②

在先秦史料中，还没有发现关于民间百姓食用昆虫的直接记载。但以常理推之，数量众多，捕之容易，且味道鲜美的昆虫，应当是先经百姓食用验证无害，且在一定范围流行之后，才有可能为帝王贵族所接受。只不过，古代以记载帝王言行为核心工作的史官们是不屑于将百姓食用昆虫的情况入书的。尽管如此，一些文人的著作中对此还是有所暗示的。《庄子·达生》曰：“仲尼适楚，出于林中，见佝偻者承蜩，犹掇之也。”③ 这里讲到的这位民间老者，以捕蝉为业，练就了捕蝉的好本领，而他之所以如此，恐怕不单单是为了消遣。唐代《新修本草》曰：“《诗》云：‘鸣蜩嘒嘒者，形大而黑，伛偻丈夫，止是掇此，昔人啖之’”④。可以说明，这位佝偻老人很可能是靠捕蝉食用来维持生计的。

由此可以推测，在先秦时期，食用蚳卵、蝉、蜂等昆虫已经是较为流行的风尚了。而且，人们食用昆虫的行为已经与礼仪规范等文化现象结合在一起，并与社会主流和饮食审美观念融合，初步形成了昆虫饮食文化。

---

① ［汉］郑玄注，［唐］孔颖达疏：《礼记正义》卷二十七，中华书局，1980。

② ［清］阮元：《皇清经解》卷三十五，清道光九年广东学海堂刊本。

③ ［春秋］庄周：《南华真经四》，郭象注，商务印书馆，1922年四部丛刊景明世德堂刊本。

④ ［唐］苏敬：《新修本草》辑复本，尚志钧辑校，安徽科学技术出版社，1981，第414页。

第二节 蚕文化的初步形成

夏朝时，我国的蚕桑业已经颇具规模。《夏小正》云："摄桑委扬，妾子始蚕，执养宫事。"[①] 周匡明认为："女奴隶称妾，'子'是对妇女的尊称，当然是指女奴隶主了。'宫事'就是女功之事。整句话的意思为，在女奴隶主的监督下，要进行养蚕、治丝、织造、制衣等一系列长期的操劳之事了。"[②] 《尚书·禹贡》曰："桑上既蚕，是降丘宅土。"孔颖达疏："宜桑之土，既得桑养蚕矣。"[③] 这说明，养蚕业在当时规模较大，且很受统治阶级的重视，能种桑的地方都种上了。

殷商时期，随着农业文明的进步，桑蚕业的发展进入了新的阶段。养蚕业已经实现了初步的规模化。《尚书》云："伊陟相大戊，亳有祥桑谷共生于朝。伊陟赞于巫咸，作《咸乂》四篇。"[④] 殷墟出土的甲骨文字中，不仅有"桑""蚕""丝""帛"等字，而且从桑、从蚕、从丝的字，多达 105 个，可见与养蚕业相关联的领域之广。安阳武官村出土的青铜戈上显示出残留的丝绢织物的痕迹，商代墓葬中也出土了大量形态逼真的玉蚕饰物和具有丝绸印迹的青铜器，科学家从青铜器因铜锈渗透而保存下来的丝绸残片印迹中发现了提花的回形纹绢、雷纹绢和平纹绢等较为复杂的工艺。这说明商代的养蚕、丝织技术已具有相当高的工艺水平。

周代桑蚕业取得了更大发展，《尚书》中《禹贡》记载，当时中国九个州中有六个州都出产过丝绸贡品。《考工记》记载了练丝、练帛的丝绸工艺，丝绸产品也丰富多彩，如对绮、锦、

---

① ［清］孙星衍：《夏小正》，嘉庆戊午年刻本。

② 周匡明：《中国蚕业史话·开启蚕文化的金钥匙—夏王朝》，《中国蚕业》2012 年第 3 期。

③ ［唐］孔颖达：《尚书正义》第 3 册，文物出版社，2011，第 86 页。

④ 曾运乾注《尚书（国学典藏）》，黄曙辉点校，上海古籍出版社，2015，第 83 页。

绣、罗、纨等众多名目都有记载。山东济南的西周墓中出土过22件玉蚕实物，生动地表现了蚕从小蚕、眠蚕、大蚕到熟蚕的整个发育阶段。值得注意的是，《周礼》中记述了当时在宫廷内设置“百工”，其中就有专门管理丝织的“典丝宫”，负责丝织品的质量检验、原料的储存、发放等工作。还有“典妇功官”负责缫丝生产、选择优质丝织品储存于王宫内府，以供天子、王后使用。

春秋战国时期，江南蚕桑业获得较大发展，丝织技术也取得了很大进步。1995年文物部门从境外购回的“者旨於赐”越王剑的剑柄上残留着织造精细的绢片和丝带。现藏于湖南省博物馆的春秋时期越式桑蚕纹铜尊，是迄今为止发现的我国历史上年代最久远的记载桑蚕的古文物。该铜尊的主体花纹位于器腹，由四片图案化的桑叶组成，叶上布满了或蠕动、或爬行、或啮食的小蚕。小蚕双目圆而突出，无足，身短小，与甲骨文中的蚕字图形相似。我国家蚕的主要品种，依体色分为纯白、黑稿、虎斑、斑马等种类，这些在铜尊的蚕纹中均清晰可见。铜尊口沿面大约铸有十几组蚕形，每组两条，翘首相对，作眠蚕状，非常逼真生动。铜尊纹饰以蚕桑纹，生动地表现了春秋晚期田园桑林的生活气息。从科研的角度讲，表现了桑蚕人工饲养的情状，从一个侧面证实了在我国古代早已有过人工养蚕的史实。

据王敬铭《中国树木文化源流》一书中的统计，《诗经》中记载的树木有五十多种，而桑树最多，这也证明了先秦养蚕业的发达。而由于桑树林的规模很大，这里也成为民间青年男女经常约会的地方，以至于后来“桑间濮上”被指为淫靡风气盛行的地方，连此地出产的音乐都被污名化了。《礼记·乐记》载：“桑间濮上之音，亡国之音也。”[①]《汉书·地理志第八下》载：“卫地

① ［汉］郑玄注，［唐］孔颖达疏：《礼记正义》卷三十七《乐记第十九》，中华书局，1980。

有桑间濮上之阻，男女亦亟聚会，声色生焉。故俗称郑、卫之音。”①

《诗经》305篇诗歌中，与蚕桑有关的就有27篇，《魏风·十亩之间》曰：“十亩之间兮，桑者闲闲兮，行与子还兮。十亩之外兮，桑者泄泄兮，行与子逝兮。”②《豳风·七月》曰：“女执懿筐，遵彼微行，爰求柔桑。……蚕月条桑，取彼斧斨，以伐远扬，猗彼女桑。”③ 而《卫风·氓》中“氓之蚩蚩，抱布贸丝”④ 的描写则说明，当时蚕丝已经成为人们日常商品交换的重要内容，可见桑蚕业规模之大。

随着桑蚕业的发展，养蚕成为人们经济收入的重要来源。农民自然希望自已养的蚕无病无灾，年年丰收。但在当时的科技条件下，面对天灾人祸，人们束手无策，只能将希望寄托在对蚕神的崇拜上，而养蚕业的发展，更加深了人们这种崇拜的程度。

商周时期的文献中关于蚕神祭祀的记载有很多。甲骨卜辞中就记录了祭拜蚕神习俗，从文字上看，那时的祭品还是相当丰富的。如，“卜蚕王，吉”“贞，元示五牛，蚕示三牛。十三月。”“蚕示三窜。八月。”⑤ 专家一般认为蚕王就是蚕神，祭祀蚕神用三牛、五牛或者三对公母羊，可见祭祀是非常隆重的。《周礼·天官·内宰》曰：“中春，诏后帅外内命妇始蚕于北郊，以为祭

---

① ［汉］班固：《汉书》卷二十八下《地理志第八下》，商务印书馆，1930年百衲本。

② ［汉］郑玄注，［唐］孔颖达疏：《毛诗正义》卷五《五之三》，中华书局，1980。

③ ［汉］郑玄注，［唐］孔颖达疏：《毛诗正义》卷八《八之一》，中华书局，1980。

④ ［汉］郑玄注，［唐］孔颖达疏：《毛诗正义》卷三《三之三》，中华书局，1980。

⑤ 作者按：本节所引的甲骨文资料均引自胡文，恕不再一一指出。详细论述见胡厚宣《卜辞同文例》《历史语言研究》，《中央研究院历史语言研究所集刊》，1947年版。

服。”[1]《礼记·祭义》载：

> 古者天子诸侯必有公桑蚕室，近川而为之，筑宫仞有三尺，棘墙而外闭之。及大昕之朝，君皮弁素积，卜三宫之夫人，世妇之吉者，使入蚕于蚕室，奉种浴于川，桑于公桑，风戾以食之。岁既单矣，世妇卒蚕，奉茧以示于君，遂献茧于夫人，夫人曰：“此所以为君服与？”遂副袆而受之，因少牢以礼之。古之献茧者，其率用此与？及良日，夫人缫，三盆手，遂布于三宫夫人、世妇之吉者，使缫。遂朱绿之，玄黄之，以为黼黻文章。服既成，君服以祀先王先公，敬之至也。[2]

《礼记·祭统》载：

> 是故天子亲耕于南郊，以共齐盛。王后蚕于北郊，以共纯服。诸侯耕于东郊，亦以共齐盛。夫人蚕于北郊，以共冕服。天子、诸侯非莫耕也，王后、夫人非莫蚕也，身致其诚信。诚信之谓尽，尽之谓敬，敬尽然后可以事神明。此祭之道也。[3]

可见，先秦时期，祭祀蚕神已经是重要的国家祀典，国家通过这种隆重的祭祀方式，表示对蚕桑的重视。以后的统治者也往往效仿，鼓励和支持百姓植桑养蚕。

虽然祭祀蚕神开始得很早，但在先秦的文献中并没有关于蚕神的详细记载，人们心目中并没有确定的蚕神的具体形象，只是把蚕神作为女性形象来看待。约成书于先秦的《山海经·海外北

---

① ［汉］郑玄注，［唐］贾公彦疏：《周礼注疏》卷七，中华书局，1980。

② ［汉］郑玄注，［唐］孔颖达疏：《礼记正义》卷二十八《祭义第二十四》，中华书局，1980。

③ ［汉］郑玄注，［唐］孔颖达疏：《礼记正义》卷四十九《祭统第二十五》，中华书局，1980。

经》曰："欧丝之野，在大踵东，一女子跪据树欧丝。三桑无枝，在欧丝东，其木长百仞，无枝。"[①]

先民们将蚕神与女性相关联，从根本上说，与女性在社会分工上的角色有关。《韩非子·内储说上七术》曰："然而妇人拾蚕，渔者握鳣，利之所在。"[②] 养蚕纺织在古代基本上是一种家务劳动，不需要付出太大的体力，由女性来从事再自然不过。甲骨卜辞中有"丁酉，王卜，女蚕"的记载，专家认为这里的女蚕是指主管蚕桑的女官[③]。既然蚕桑由女官来掌握，那么把蚕神视为女性也就自然而然了。

这一时期已经出现了后世民间信仰中的蚕神：织女和马头娘。

织女本是民间信仰中掌管纺织业的女神。人们对织女的认识很早，而织女信仰的来源可以追溯至母系氏族公社时期。徐传武先生认为：

> 那时（著者按，指母系氏族时期）的先民们已注意观察天象，除日、月之外，最早认识的恒星可能就是北斗、北极、心宿、织女等（夏代曾用织女所向以定四时，足见织女在远古人心目中是很重要的星）。由于织女星是北天空很亮的一颗星，除大角星外，就数它了；而织女星又在天河旁，较大角星更容易辨认，于是先民们就把北天空这颗很亮的星取名为和"女性"有关的星（此言和"女性"有关，可能最初仅名女星；随着织作物的产生和发展，才又名之为织女。）——这应当是母权制氏族社会繁荣时期尊重女性的迹象和印记。[④]

---

① 《山海经》卷八，乾隆四十六年文渊阁四库全书本。

② ［春秋］韩非：《韩非子》，岳麓书社，2015，第 87 页。

③ 李仁涛：《中国古代纺织史稿》，岳麓书社，1983，第 12 页。

④ 徐传武：《文史论集》上册，大连海事大学出版社，1995，第 5 页。

殷商时期，纺织业已经相当普及，人们掌握了复杂的织造技术，这一点，以从河南安阳、河北藁城台西村等殷商贵族墓葬中出土的青铜器上附有的织物残痕可以证明。而此时，古人的星象观测经验也越来越丰富。在星象的观测中，古人观察到织女星旁边有四颗亮星（浙台四星），状如不规则的菱形，既像织布梭，又像织布台，其旁边的三颗星（织女星）就像是一名正在织布的女子。于是，古人在丝织规模壮大和技术进步所提供的现实基础，和形象类比思维方法的支配下，根据物、象的相类或相合的道理，命名了织女星。

可以看出，织女星的得名和纺织业紧密联系，它是古代纺织业高度发展的象征。因此，织女星最原始的神职职能就是掌管纺织。最早记载织女这一名称的文献是《诗经》。《诗经·小雅·大东》云："维天有汉，监亦有光。跂彼织女，终日七襄。虽则七襄，不成报章。睆彼牵牛，不以服箱。"[①] 意思是，天上的织女在一昼夜的十二个时辰里，从天亮到天黑的七个时辰都在忙碌着，但仍织不成布帛。此时的织女已经被当成纺织的星神了。而根据她出现的时间来看，织女应当是纺织业的始祖，当然也是丝织业的始祖。因此，把她作为蚕神之一也是合情合理的。

"马头娘"是在民间流传很广泛的蚕神。先秦时期，已经出现了"马首女身"的马头娘雏形。蚕与女性紧密联系的观念早已产生，而蚕与马发生联系的观念在先秦也出现了。《山海经·海外北经》云："欧丝之野在踵东，一女子跪据树欧丝。"郭璞注："言啖桑而吐丝，盖蚕类也。"袁珂案："此简单神话，盖'蚕马'神话之刍形也。说是三国吴张俨所作，恐亦仍出六朝人手笔之《太古蚕马记》叙此神话。此盖是神话演变之结果也。后乎此者，有荀子《蚕赋》，状蚕之态，已近'蚕马'。则知演变之迹象，实

---

① ［汉］郑玄注，［唐］孔颖达疏：《毛诗正义》卷十三，中华书局，1980。

隐有脉络可寻也。”[①]

的确，蚕与马在形貌上颇有相似之处，主要是因为蚕有时高昂的头的确很像马首，于是有《荀子·赋篇》所云“此夫身女好，而头马首者与”[②]。而蚕吃桑叶的样子也很像马吃草料，宋罗愿《尔雅翼》亦云：“蚕之状，喙呥呥类马”[③]。

不仅如此，人们还从天文学的角度对蚕与马的类似进行了解释。《周礼·夏官》云：“马质，掌质马。……禁原蚕者。”郑玄注：“原，再也。天文辰为马。〈蚕书〉：‘蚕为龙精，月直大火，则浴其种，是蚕与马同气。物莫能两大，禁再蚕者，为伤马欤。’”[④]《阴阳书》云：“蚕与马同类，乃知是房星所化也。”[⑤]“辰”是星名，即“房宿”，又称“天驷”。马属大火，蚕为龙精，蚕在大火二月浴种孵化，故说蚕和马同气。

根据以上观念，人们便将蚕与马相融合，创造出了马首人身的蚕神形象，并通过民间传说流传开来。如，翟灏《通俗编》中引《原化传拾遗》记载：古代高辛氏时，蜀中有蚕女，父为邻人劫走，只留乘马。其母誓言，有将父找回者即以女许配。马闻言迅即奔驰而去，旋父乘马而归。从此马嘶鸣不肯饮食。父知其故，怒而杀之，晒皮于庭中。蚕女由此经过，为马皮卷上桑树，化而为蚕，遂奉为蚕神。[⑥]

但这时蚕马神话“马头娘”形象尚为雏形，有待后世进一步发展完善。

历经数千年的积淀，蚕文化为培植人类的精神文明提供了丰富的营养。它不仅仅表现在神话传说方面，还在文学中，有着多

---

① 袁珂：《山海经校注》，上海古籍出版社，1980，第243页。

② [战国] 荀况：《荀子·赋篇第二十六》，乾隆四十一年文渊阁四库全书本。

③ [宋] 罗愿：《尔雅翼》卷二十四，乾隆四十三年文渊阁四库全书本。

④ [汉] 郑玄注，[唐] 贾公彦疏：《周礼注疏》卷三十，中华书局，1980。

⑤ [唐] 杜光庭：《墉城集仙录》卷六，涵芬楼，1926年影印正统道藏本。

⑥ 夏征农、陈至立：《大辞海》第3卷《宗教卷》，上海辞书出版社，2015，第827页。

方位、多视角、多层次地展示。在古代文学史上，以蚕为题材的大量流芳百世的咏蚕作品为后人留下了宝贵的精神财富，向我们展示了蚕文化的神奇、神圣和神秘魅力。

先秦时期，咏蚕题材的作品中最具代表性的当属荀子的《蚕赋》，赋云：

> 有物於此，儳儳兮其状，屡化如神，功被天下，为万世文。礼乐以成，贵贱以分，养老长幼，待之而后存。名号不美，与暴为邻；功立而身废，事成而家败；弃其耆老，收其后世；人属所利，飞鸟所害。臣愚而不识，请占之五泰。五泰占之曰：此夫身女好而头马首者与？屡化而不寿者与？善壮而拙老者与？有父母而无牝牡者与？冬伏而夏游，食桑而吐丝，前乱而后治，夏生而恶暑，喜湿而恶雨，蛹以为母，蛾以为父，三俯三起，事乃大已，夫是之谓蚕理。①

《蚕赋》被学者认为是“赋”这种体裁的开山之作。在赋中，荀子称颂蚕“功被天下，为万世文”，可见对蚕评价之高。此外，《蚕赋》虽然是明写蚕，其实多用比喻，把蚕的种种经历与当时社会现象对比，形象地阐释二者相通之处，提出了“蚕理”之说，启示大家对社会人生的思考。

作为我国第一部诗歌总集，《诗经》中关于蚕的吟咏也很多。其中，直接咏蚕的诗有两首。一首是《大雅·瞻卬》，诗中云：“妇无公事，休其蚕织。”② 这是一首讽刺周幽王宠褒姒乱国祸民的诗。褒姒作为一个女人，应该做养蚕、纺织的事情，而不是干预朝政，乱国祸民。这从侧面可以看出，即使国君的后妃也是要养蚕、纺织的，可见当时对蚕桑业的重视程度，也说明了当时蚕桑业的发达与普遍的程度。

---

① ［战国］荀况：《荀子·赋篇第二十六》，乾隆四十一年文渊阁四库全书本。

② ［汉］郑玄注，［唐］孔颖达疏：《毛诗正义》，中华书局，1980。

另一首是《七月·豳风》，诗曰：

> 七月流火，九月授衣。春日载阳，有鸣仓庚。女执懿筐，遵彼微行。爱求柔桑，春日迟迟。采蘩祁祁，女心伤悲，殆及公子同归。
>
> 七月流火，八月萑苇。蚕月条桑，取彼斧斨，以伐远扬，猗彼女桑。七月鸣鵙，八月载绩。载玄载黄，我朱孔阳，为公子裳。①

这两段诗，较为详尽地描述了当时的蚕事活动，从中我们可以了解到当时黄河流域蚕业生产已相当发达，蚕业已成为劳动和经济生活的主要内容之一。

此外，《诗经》中还有描写蚕丝和桑的作品，它们可以被视为广义上的咏蚕诗。其中，描写丝织品的诗共有13首，从这些诗中，我们可以粗略地看出当时丝绸纺织业的概貌。如《卫风·氓》，诗曰：

> 氓之蚩蚩，抱布贸丝。匪来贸丝，来即我谋。送子涉淇，至于顿丘。匪我愆期，子无良媒。将子无怒，秋以为期。②

从此诗可以看出，丝绸贸易的历史最早可溯源到遥远的殷商时期，而到了周初，丝绸贸易的市场在山东至河南一带已有雏形。

《诗经》中与桑有关的诗数量最多，有21首，内容涉及桑树的变迁、桑树的种植范围、桑园的规模、桑园的文化意义、桑树的虫害、桑枝的利用等方面，非常全面。如《豳风·桑中》，诗曰：

---

①② ［汉］郑玄注，［唐］孔颖达疏：《毛诗正义》，中华书局，1980。

爰采唐矣？沬之乡矣。云谁之思？美孟姜矣。期我乎桑中，要我乎上宫，送我乎淇之上矣。

爰采麦矣？沬之北矣。云谁之思？美孟弋矣。期我乎桑中，要我乎上宫，送我乎淇之上矣。

爰采葑矣？沬之东矣。云谁之思？美孟庸矣。期我乎桑中，要我乎上宫，送我乎淇之上矣。[1]

古代祭祀土地神的场所称为“社”，社的周围，一般会种桑树，形成桑林。在那个时代，茂盛、密植的桑园是男女约会、谈情说爱的好地方，本诗就为我们演绎了一出带有田园风情的浪漫爱情故事。田野中，在采摘女萝、麦子、芜菁的劳动过程中，青年男女之间悄然萌发了爱情。姑娘与小伙到桑林中幽会，结束之后，恋人还依依不舍，小伙把姑娘送到淇水边上。

古人把桑树视为生命之树，预示着生命的生生不息。桑树所支撑起的养蚕业又能让人们遮体避寒，是维系生存之道的重要方面。所以，发生在桑林中的爱情故事多少带点象征人们追求美好生活的意味。

可见，先秦时期，随着养蚕业的发展，以蚕崇拜为核心的蚕文化已经初步形成，并在内容和形式上显示出其鲜明的特色，成为先秦社会文化中重要的组成部分。

第三节　蝉文化的初步形成

先秦时期，蝉崇拜文化在远古时期发端的基础上进一步发展，在内容和形式上都逐步丰富，初步形成了绚烂多彩的蝉文化。

远古时期，曾被舜帝部落作为图腾加以崇拜的穷蝉，在先秦时期又演化为灶神。对于灶神为穷蝉演变而来这一说法，学者袁

---

① ［汉］郑玄注，［唐］孔颖达疏：《毛诗正义》，中华书局，1980。

珂的考证颇详细。他从前引《庄子·达生篇》“灶有髻”入手，通过分析得出结论：穷蝉既然又名穷系，而“系”“髻（蛣）”“吉”“忌”的发音又如此相近，则后世传说的灶神，无论名叫“禅”的，名叫“单”的，名叫“宋无忌”的，名叫“苏吉利”的，都是颛顼的儿子“穷蝉（穷系）”一名的演变。[①]

灶神，也称灶王、灶君、灶王爷、灶公灶母、东厨司命、灶司爷爷等。是中国古代神话传说中司饮食之神。早期的灶神产生于人们对火的自然崇拜。最初的灶神，传说是炎帝死后所化。《淮南子·泛论训》曰：“炎帝作火，死而为灶。”高诱注：“炎帝神农，以火德王天下，死托祀于灶。”[②] 此外，也有人认为灶神是黄帝、颛顼之子犁等。可见，在中国的民间诸神中，灶神的资格是非常老的。自灶神一产生，便被当作家庭的保护神而受到人们的崇拜和祭祀。

春秋时期，灶神祭祀就非常流行了，而且祭灶已成为国家祀典的“七祀”之一。《礼记·祭法》曰：“王为群姓立七祀”[③]，即有一祀为“灶”，而庶士、庶人立一祀，“或立户，或立灶”[④]。《论语·八佾》中王孙贾问曰：“与其媚于奥，宁媚于灶，何谓也？子曰：不然。获罪于天，无所祷也。”[⑤] 意思是，如果不讨好灶神，就会获罪于天。后来，祭灶又被列为大夫“五祀”之一，并且灶神也被人格化，被赋予新的功能。

蝉纹是中国古代青铜器、玉器、陶瓷器上常见的花纹。蝉纹出现得很早，新石器时代的凌家滩文化遗址中出土的玉璜上就刻

① 袁珂：《神话论文集》，上海古籍出版社，1982，第178页。

② ［汉］刘安：《淮南子》卷十三《泛论训》，乾隆五十三年庄氏咸宁官舍庄逵吉本。

③④ ［汉］郑玄注，［唐］孔颖达疏：《礼记正义》卷四十六《祭法第二十三》，中华书局，1980。

⑤ ［三国魏］何晏：《论语注疏》卷三《八佾第三》，［北宋］邢昺疏，中华书局，1980。

有两组蝉纹。[①] 甲骨文中也有蝉纹，专家认为“夏”就是蝉纹，“蝉为夏虫，闻其声即知为夏，故先哲假蝉形以表之”[②]。

商代晚期，青铜器上出现了蝉纹。1965 年秋和 1966 年春，山东省博物馆在苏埠屯墓地组织发掘了四座商墓，1986 年山东省文物考古研究所的工作人员对墓地进行了全面勘探，又发掘清理了六座商墓。在这两次发掘和清理出的青铜和陶器等器皿上，考古学家发现了不少雕刻形式不一的蝉纹。从毕经纬的《山东出土东周青铜礼容器研究》可知，春秋战国时期的青铜器皿上多刻有蝉纹。这些青铜器皿上的蝉纹，“蝉体大多作垂叶形三角状，腹有节状条纹，无足，近似蛹，四周填云雷纹；也有长形的蝉纹，有足，也以云雷纹作地纹”[③]。

这些出现于古代青铜器、玉器、陶瓷器上的蝉纹包含有不同的文化寓意，是蝉崇拜文化的表现。

通过出土的不同时代的文物可探知，刻有蝉纹的器皿主要有两类：一是食器、酒器、水器；二是兵器、礼器和墓葬品。

食器、酒器、水器，如鼎、爵、觚、盘等这些器皿上的蝉纹主要装饰，表明它们可能与饮食及盥洗有一定联系。《荀子·大略》云：“饮而不食者，蝉也。”[④] 晋郭璞《蝉赞》云：“虫之清洁，可贵惟蝉，潜蜕弃秽，饮露恒鲜。”[⑤] 这里赞美蝉有出污秽而不染，吸晨露而洁净的天性。

先民们大约是结合对蝉餐风食露这一“习性”的认识，用蝉象征饮食清洁的意思。而作为龙纹、凤纹、虎纹等纹饰的辅助性装饰的蝉纹，往往以横排或纵列呈条带式连续出现，这就与汉语

---

① 许泳、徐玉芹：《中国古玉鉴赏与研究系列丛书　玉魂国魄》修订版，河北美术出版社，2016，第 69 页。

② 刘敦愿：《刘敦愿文集》上卷，科学出版社，2012，第 219 页。

③ 班昆：《中国传统图案大观（二）》，人民美术出版社，2002，第 173 页。

④ ［战国］荀况：《荀子·赋篇第二十六》，乾隆四十一年文渊阁四库全书本。

⑤ ［清］严可均：《全上古三代秦汉三国六朝文》第 5 册下，河北教育出版社，1997，第 1239 页。

词汇“蝉联”联系在一起。一方面表达了先民们希望美好生活代代传递、永远延续的愿望。另一方面，蝉类产卵众多，繁殖力强，迎合了先民们注重繁殖的心理，这种蝉纹也表明了先民们希望种族代代繁衍，永不断绝的美好愿望。

蝉纹刻在礼器、兵器和墓葬品上，彰显了蝉在先民心目中的神圣地位。器皿上的蝉纹，根据器皿用途的不同，物件形态的差异，纹饰特点略有不同。礼器和墓葬器皿上的蝉纹有的也如食器、酒器、水器等上的一样，多为抽象样式，重在写意，而非追求写实，蝉纹往往以横排或纵列呈连续形出现，象征了统治者、权贵阶级盼望权力、财富得以永世延续、永远保持的愿望。而墓葬器皿上的蝉纹，还象征了人们对生命永存的追求，以及希望以墓葬器为媒介，建立神、人、鬼之间沟通渠道的努力。而蝉纹在青铜礼器和兵器上的出现，也使它们更加神圣化，象征福佑于人的力量。

蝉身上所具有的深厚文化内涵，也使得这种特殊昆虫获得了无数文人的青睐，成为他们笔下常见的意象，蝉逐渐成为文人寄托理想、隐喻身世的重要情感载体，蝉的身上积淀了历代文人的心理感受和生命体验，从而形成了中国文学史上绵延不断的咏蝉传统。

古人早就发现了蝉鸣与季节的关系。《礼记》曰：“仲夏之月……鹿角解，蝉始鸣，孟秋之月……凉风至，白露降，寒蝉鸣。”① 先秦时期的文学作品中已经出现了对于蝉鸣的描写。这些作品中描写的蝉鸣声是作为诗歌的点缀或者气候节令的象征而出现。如，《豳风·七月》曰：“四月秀葽，五月鸣蜩。”②

中国古代提倡礼乐文明，文人往往把国家的治乱与音乐相联系。《礼记·乐记》云：“凡音者，生人心者也。情动于中，故形

---

① ［汉］郑玄注，［唐］孔颖达疏：《礼记正义》卷十六《月令第六》，中华书局，1980。

② ［汉］郑玄注，［唐］孔颖达疏：《毛诗正义》卷八《八之一》，中华书局，1980。

于声，声成文谓之音。是故治世之音安以乐，其政和；乱世之音怨以怒，其政乖；亡国之音哀以思，其民困。声音之道，与政通矣。”[①] 此处已经把音乐的基调同国家和百姓的命运相交通，音乐显然成了社会政治的晴雨表。

作为天生的“音乐家”，蝉在不同季节变化多端的鸣声，也被文人赋予了更多的社会意义，与世事的变迁息息相关。《逸周书·时训解第五十二》云：“夏至之日，鹿角解。又五日，蜩始鸣。又五日，半夏生。鹿角不解，兵革不息。蜩不鸣，贵臣放逸。……立秋之日，凉风至。又五日，白露降。又五日，寒蝉鸣。凉风不至，国无严政。白露不降，民多邪病。寒蝉不鸣，人皆力争。”[②]

先秦许多的咏蝉作品就表现出了作者内心的这种复杂情感。如，《诗经·小雅·小弁》曰：“菀彼柳斯，鸣蜩嘒嘒。”[③] 用没日没夜响彻耳边聒噪的蝉鸣，衬托出作者心情的烦乱。

又如，《诗经·大雅·荡》曰：“如蜩如螗，如沸如羹。”[④] 通过嘈杂喧闹的蝉鸣，比喻百姓生活的动荡不安。

又如，《楚辞·九辩》有“蝉寂漠而无声”“澹容与而独倚兮，蟋蟀鸣于西堂”[⑤] 的描写，这里鸣虫的叫声融进了作者复杂的情感，表达了作者噤如寒蝉，悲如蟋鸣的孤独痛苦心境。

又如，《庄子·逍遥游》曰：“朝菌不知晦朔，蟪蛄不知春秋。”晋郭象注曰：“蟪蛄，寒蝉也；一名蝭蟧。春生夏死，夏生秋死。……或曰：山蝉，秋鸣者不及春，春鸣者不及秋。”[⑥] 这

① ［汉］郑玄注，［唐］孔颖达疏：《毛诗正义》卷三十七《乐记第十九》，中华书局，1980。

② ［晋］孔晁：《逸周书》卷六，乾隆五十一年卢文弨抱经堂刻本。

③ ［汉］郑玄注，［唐］孔颖达疏：《毛诗正义》卷八《八之一》，中华书局，1980。

④ ［汉］郑玄注，［唐］孔颖达疏：《毛诗正义》，中华书局，1980。

⑤ ［汉］王逸：《楚辞章句》卷八，商务印书馆，1922年四部丛刊本。

⑥ ［战国］庄周：《南华真经一》内篇《逍遥游第一》，［晋］郭象注，商务印书馆，1922年四部丛刊景明世德堂刊本。

里通过对蝉生命短暂的描写，融入了作者的伤逝之感。

又如，《楚辞·卜居》曰："蝉翼为重，千钧为轻。"① 这里抒写的是在作者遭受无情政治打击后所生发的郁愤和忧患。

在我国文化史上，外形优雅或叫声响亮的蝉始终为各阶层人士所喜欢，成为他们捕捉、饲养、玩赏的对象。所以，在此过程中，捕蝉渐渐发展成为一种民间游戏。早在春秋时期，古人就用"一竿粘蝉"的方法来捕蝉。蝉反应敏捷，难以捕捉。只有凝神屏气，心无旁骛，等待时机，稳中有快，才能一粘而中。人们从粘蝉中获得极大的成就感，从而乐此不疲，享受捕蝉的乐趣。《庄子·达生》中记载的那位在林中捕蝉的佝偻丈人，用的应该就是这种捕蝉方法。

第四节　萤火虫文化的初步形成

先秦时期，萤火虫文化开始形成，并逐步成为中国昆虫文化的重要内容。

萤火虫属鞘翅目，是鞘翅目萤科昆虫的通称，是一种小型甲虫，因其尾部能发出萤光，故名为"萤火虫"。此外，它还有很多名字。崔豹《古今注》曰："萤火一名晖夜，一名景天，一名熠耀，一名磷，一名丹良，一名丹鸟，一名夜光，一名宵烛。"② 全世界现存约 2 000 种萤火虫，分布于热带、亚热带和温带地区，其中我国约有百余种。常见萤火虫发出的萤光有黄色、橙色、红色、绿色及黄绿色等多种颜色。

萤火虫文化中最为精彩和生动的，莫过于先秦时期兴起的解释萤火虫来源的"腐草化萤"说。

古人之所以有这种认识，是因为萤火虫栖息的环境，以潮湿

---

① ［汉］王逸：《楚辞章句》卷六，商务印书馆，1922 年四部丛刊本。

② ［晋］崔豹：《古今注》卷中《鱼虫　第五》，商务印书馆，1922 年四部丛刊影宋本。

腐败的草丛为主，古人往往会看到萤火虫从其中飞出，于是便有了“腐草化萤”的说法。《礼记·月令》曰：“季夏之月，……腐草为萤。”[①]《逸周书》载：“大暑之日，腐草化为萤……腐草不化为萤，谷实鲜落。”[②]《易通·卦验》曰：“立秋腐草化为萤。”[③]

古人有这种认识，与古代所认为的世间万物在一定条件下，皆可以互相转化的哲学思想有关。《庄子·至乐篇》曰：

> 种有几，得水则为继，得水土之际则为蛙蠙之衣，生于陵屯则为陵舄，陵舄得郁栖则为乌足，乌足之根为蛴螬，其叶为蝴蝶。蝴蝶胥也化而为虫，生于灶下，其状若脱，其名为鸲掇。鸲掇千日为鸟，其名为干余骨。干余骨之沫为斯弥，斯弥为食醯。颐辂生乎食醯，黄軦生乎九猷，瞀芮生乎腐蠸，羊奚比乎不箰。久竹生青宁，青宁生程，程生马，马生人，人又反入于机。万物皆出于机，皆入于机。[④]

又《知北游》曰：

> 是其所美者为神奇，其作恶者为臭腐，臭腐复化为神奇，神奇复化为臭腐。[⑤]

庄子认为世间万物都是互相转化的，往复循环，生生不息。这样，腐烂植物化为动物也是其中应有之义。

先秦时期，诗歌中也出现了萤火虫的身影。《诗经·豳风·东山》曰：

---

① ［汉］郑玄注，［唐］孔颖达疏：《礼记正义·月令第六》，中华书局，1980。

② ［晋］孔晁：《逸周书》卷六，商务印书馆，1935年丛书集成初编本。

③ ［唐］徐坚：《初学记》卷三十《虫部》，乾隆五十一年文渊阁四库全书本。

④ ［战国］庄周：《南华真经三》外篇《至乐第十八》，［晋］郭象注，商务印书馆，1922年四部丛刊景明世德堂刊本。

⑤ ［战国］庄周：《南华真经四》外篇《知北游第二十二》，［晋］郭象注，商务印书馆，1922年四部丛刊景明世德堂刊本。

我徂东山，慆慆不归；我来自东，零雨其蒙。果蠃之实，亦施于宇；伊威在室，蟏蛸在户；町畽鹿场，熠耀宵行。不可畏也，伊可怀也。①

这里的“熠耀”就是指萤火虫。夜里闪灼的萤火，生动再现了作者眼前荒凉残破景象，令人悲从心生。从此，萤火虫飞入文苑，开启了咏萤文学的传统，为昆虫文化增添了绚烂的色彩。

第五节 蝴蝶文化的初步形成

先秦时期，发端于生殖崇拜的蝴蝶文化进一步发展，并初步形成。

早在先秦时期，人们就把年龄大的老人称为“耄耋”。《礼记》中载：“七十曰耄，八十曰耋，百年曰期颐。”② 耄耋之年在古时可谓高寿，杜甫《杜工部诗·曲江二首》曰：“酒债寻常行处有，人生七十古来稀。”③ 因为“猫”与“耄”（70 岁老人）、“蝶”与“耋”（80 岁老人）的读音相似，人们便借谐音“猫蝶”来表达高寿之意。而在花草中，牡丹是富贵之花，是富贵吉祥的象征。所以在日常生活中，人们在瓷器、服饰、家具上多运用猫蝶以及牡丹图案作装饰，这些图案以一只或一对小猫与蝴蝶在牡丹花丛中嬉戏来象征人们对富贵吉祥、健康长寿的美好期盼。

“瓜瓞”，来自《诗·大雅·绵》中的：“绵绵瓜瓞，民之初生，自土沮漆。”④ “瓜”指葫芦，“瓞”指小葫芦，全句意思是说，周人的祖先如同一根藤上结的大大小小的葫芦一样，子孙繁衍，无穷无尽，奠定了西周的基业。后世的民俗中，就用“瓜瓞绵绵”作为吉祥话来祝颂他人子孙昌盛。后来，在我国的家谱文

---

① ［汉］郑玄注，［唐］孔颖达疏：《毛诗正义》卷八，中华书局，1980。
② ［汉］郑玄注，［唐］孔颖达疏：《礼记正义·曲礼上》，中华书局，1980。
③ ［唐］杜甫：《杜工部诗集辑注》卷十，康熙元年金陵叶永茹刻本。
④ ［汉］郑玄注，［唐］孔颖达疏：《毛诗正义》卷十六，中华书局，1980。

化中又由此衍生出了“瓜瓞图”。

所谓“瓜瓞图”，指用图表形式标示一个家族繁衍生息的历史，是一部家谱最核心的内容。“瓜瓞虽遥，芳枝无远”①，通过瓜瓞图，人们能够清晰地看到单个家族成员在家族中的长幼辈分及与其他成员的亲疏关系。

后来，由于“瓞”与“蝶”谐音，民俗文化中便出现了“瓜蝶图”，作为一种吉祥图案出现在年画、刺绣、剪纸、金银器、瓷器、雕刻、壁画等作品中。画面中有一个瓜（西瓜、甜瓜，等等），还有一只蝴蝶。这个瓜蝶图，寄托着人们企盼儿孙满堂、生活幸福吉祥的美好愿望。

这个瓜蝶绵绵的意象，常被用于古代除夕的辞岁民俗活动中。彩万志的《中国昆虫节日文化》中讲到“辞旧岁，蝶扑灯”这一民俗时，记载道：

> 金寄水和周沙尘在《王府生活实录》中对晚清王府春节期间的活动有较准确的回忆。王府的辞岁仪式很复杂，摆设庄重。工匠们专门在地窖中培植出一株香瓜，饲养好一群蝴蝶，香瓜要事先摆在殿中，蝴蝶被装入两个黄磁捧盒里。晚上十时左右，当首批官员向太福晋行“两跪六叩”大礼时，左边的太监一掀盒盖，彩蝶便从盒中飞出。一时间，花香蝶舞，满堂春晖，太监会不失时机地大声高呼：“太福晋年年吉庆，瓜瓞绵绵！……”只是那些人工培育的彩蝶并不替主人争气，它们出来之后，“扑灯者甚多，栖花者少，香瓜上一个皆无。”倒是平日侍奉王宫显贵的太监们会体察主人的心意，赶快抓起几个扑灯而坠的残蝶，轻轻地往瓜上一放，并随口高呼“瓜瓞连绵了”。②

---

① 陈延嘉、王存信：《上古三代秦汉三国六朝文选六百篇》，河北教育出版社，2009，第601页。

② 彩万志：《中国昆虫节日文化》，中国农业出版社，1998，第29页。

蝴蝶也是中国文学中的经典意象。在漫长的中国文学史上，中国古代文人感物起兴，不约而同地将蝴蝶作为文学作品中“美”的化身，用来表达美丽、自由、爱情、新生等文化意蕴，逐步形成了具有独特民族审美情趣的咏蝶传统。

文学中的咏蝶传统源于先秦时期“庄周梦蝶”的典故。《庄子·内篇·齐物论》载：

> 昔者庄周梦为胡蝶，栩栩然胡蝶也，自喻适志与，不知周也。俄然觉，则蘧蘧然周也。不知周之梦为胡蝶与，胡蝶之梦为周与？周与胡蝶，则必有分矣。此之谓物化。①

庄周既是一个思维严密、严谨细致的哲学家，还是一个充满了浪漫情怀、想象奇特、情感丰富的诗人。这里，庄周梦见自己变成了美丽的蝴蝶，这个梦境是那么真实，梦醒时分的庄周分不清自己是蝶还是人了。庄周通过营造这样一个真实与虚幻难分、浪漫与现实交织的自得世界，向人们展示了“天地与我并生，万物与我为一”② 的哲学理念。

庄周梦里的蝴蝶，象征着人类摆脱社会束缚之后可以像蝴蝶一样，无拘无束，自由自在飞翔的美好状态。蝴蝶和庄周融为一体了，庄周把自己看成了蝴蝶，像蝴蝶一样至真至纯，没有了黑暗现实社会中的虚假，没有了污浊官场中的尔虞我诈，摆脱了一切功名利禄，人生达到了澄澈、自由、纯真的“大美”境界。

庄周梦蝶这则寓言以丰厚的哲学意蕴及其巧妙的艺术构思，体现了道家文化的生命智慧，引发出后世众多文人墨客的情感共鸣，他们以此为题材，以各种艺术形式来阐释和延伸这则寓言的内蕴。

---

①② ［战国］庄周：《南华真经一：内篇　齐物论第二》，［晋］郭象注，商务印书馆，1922年四部丛刊景明世德堂刊本。

第六节　治蝗文化的初步形成

从历史上看，中华民族是一个多灾多难的民族。发生在中华大地上的各类灾害数量之多，在世界上是非常罕见的。据专家研究，“从公元前 18 世纪，直到公元 21 世纪的今日，将近 4 000 年间，几乎无年无灾，也几乎无年不荒，西欧学者甚至称我国为‘饥荒的国度（The land of famine）’”[①]。在所有的灾害中，水、旱、蝗的发生最为频繁，而蝗虫所带来的灾害最为严重。明代农学家徐光启云：“凶饥之因有三：曰水、曰旱、曰蝗。地有高卑，雨泽有偏被。水旱为灾，尚多幸免之处；惟旱极而蝗，数千里间草木皆尽，或牛马毛幡帜皆尽，其害尤惨，过于水旱者也。”[②]而据周尧的统计，从公元前 707 年到 1949 年新中国成立的这一段时间内，我国发生了将近 800 次蝗灾。平均每 3 至 5 年就有一次大的蝗灾。陈永林《中国主要蝗虫及蝗灾的生态学治理》中记载：“从公元前 707 年到 1949 年，在这 2 565 年中，总共爆发 943 次蝗灾。”[③]

面对残酷的蝗灾，人们自然会想尽千方百计去防治。几千年来，人们在识蝗、治蝗的过程中形成了丰富多彩的文化。虽然人们的认识和防治办法有的是科学的、唯物的，也有的是迷信的、唯心的，但不管怎么说，我们都可以从中发现、认识治蝗历史的真相、治蝗历史的演进和治蝗文化的多姿。

殷商时期的甲骨卜辞中，就有不少关于蝗灾的记载。如，“癸酉贞：不至?”“乙酉卜，宾贞：大爯?”等。这是先民在预测来年有没有蝗灾，蝗灾的规模有多大。

---

① 邓云特：《中国救荒史》，生活·读书·新知三联书店，1961，第 1 页。

② 石声汉：《农政全书校注》，上海古籍出版社，1979，第 1299 页。

③ 陈永林：《中国主要蝗虫及蝗灾的生态学治理》，科学出版社，2007，第 61 页。

春秋时期的蝗灾颇为频繁，《春秋》一书中就记载了 12 次蝗灾。《春秋·桓公五年》云：“秋，大雩，螽。”① 大雩就是大旱，意思是，桓公五年曾因大旱导致了蝗灾的发生。有的蝗灾还非常严重，《左传·文公三年》载：“秋，雨螽于宋。”② 这里形容成群的蝗虫像雨点一样落到宋国境内，可见蝗虫之多，也显示出蝗虫对农业的严重危害。

对于蝗灾的发生，民间信仰中更多地认为是由神主宰，因而对鬼神的祭祀非常重视。因此，通过祭祀来避免灾害在我国有悠久的历史。

《礼记·郊特牲》载：“八蜡以记四方，四方不成，八蜡不通，以谨民财也。”郑玄注：“四方，四方有祭也。其方谷不熟，则不通于蜡焉，使民谨于用财。蜡有八者：先啬一也；司啬二也；农三也；邮表畷四也；猫虎五也；坊六也；水庸七也；昆虫八也。”孔颖达疏：“言蜡祭八神，因以明记四方之国，记其有丰稔、有凶荒之异也。”③

这里的昆虫，应当指的是各种虫，但后来演变成专门针对蝗神的祭祀。这是因为在各种虫灾之中，蝗灾最为恐怖，因而百姓视蝗虫为虫王。据民国初年蒋芷侪《都门识小录摘录》记载：“（农历六月）二十五日，则为祭虫工之期，四郊农民，焚香顶礼，受胙饮福，极求虔敬。有叩以‘虫王’之义者。老农曰：‘蝗虫额上有王字，虫王即蝗虫，祭乃祝其勿害苗也。’”④

民间把蝗虫看作虫王的习俗，从古代的音训之法中亦可领悟。所谓音训是训诂学中的一种方法，即用声音相同或相近的字来解释某字的字义。蝗虫之“蝗”与皇帝之“皇”同音，因而可用“皇”来解释“蝗”之意。关于“蝗”，《康熙字典》解释道：

---

① ［晋］杜预：《春秋左传正义》卷六，［唐］孔颖达疏，中华书局，1980。

② ［晋］杜预：《春秋左传正义》卷十八，［唐］孔颖达疏，中华书局，1980。

③ ［汉］郑玄注，［唐］孔颖达疏：《礼记正义》卷二十六《郊特牲第十一》，中华书局，1980。

④ 胡寄尘：《清季野史》，岳麓书社，1985，第 121 页。

“《唐韻》《集韻》《韻會》《正韻》，并胡光切，音黄。《说文》螽也。《陸佃云》蝗字从皇，今其首腹背皆有王字。”①

民间有的地区以农历六月初六为“虫王节”，农历六月是各种虫灾的高发期，民谚有“六月六，看谷秀。”这里是提醒农民们，到了祭虫王的时节了。民间祭祀虫王，要宰牲设供，祈求五谷丰登，不受虫灾。致祭的供品有香烛、馒头等。

浙江宁波地区有的地方民俗中则认为农历九月二十是蚱蜢将军生日。这一天，要迎大旗、走高跷、舞龙灯、唱荤戏，俗话说只要大旗一迎，蚱蜢就会消失，可使田间稻谷收成好。

除了求助神灵护佑外，随着农业生产技术的进步，人们对蝗虫活动习性及其对农业生产的危害有了更加深入的认识，于是发现了消除蝗灾的科学方法。《诗经·大田》云：“去其螟螣，及其□贼，无害我田稚。田祖有神，秉畀炎火。”②《毛诗草木鸟兽虫鱼疏》云：“螣，蝗也。”③ 由此可知，当时人们已经知道根据蝗虫喜光的习性，以火烧杀的办法来治理蝗灾。

第七节　蟋蟀文化的初步形成

蟋蟀是一种很古老的昆虫，距今至少已有1.4亿年的历史。蟋蟀属于昆虫纲，直翅目，蟋蟀科。其在民间有多种俗称，如蛐蛐、夜鸣虫、将军虫、秋虫、斗鸡、促织、趋织、地喇叭、灶鸡子、孙旺等。蟋蟀善鸣好斗，深受民众的喜爱，蓄养、赏玩蟋蟀是我国最主要的传统民间娱乐项目之一。琴、棋、书、画、花、鸟、虫、鱼古称“八艺”，这里的“虫”就专指蟋蟀。随着时间的推移，抓捕、蓄养蟋蟀，观斗蟋蟀已成为一种文化，而且几千

---

① ［清］陈廷敬、张玉书：《康熙字典：最新整理本5》，中国书店，2010，第2146页。

② ［汉］郑玄注，［唐］孔颖达疏：《毛诗正义》卷十四，中华书局，1980。

③ ［晋］陆玑：《毛诗草木鸟兽虫鱼疏》卷下，商务印书馆，1935年丛书集成初编本。

年以来，长盛不衰。

蟋蟀文化的历史非常悠久，中国古代先民很早就对蟋蟀予以关注。这种关注主要表现于将蟋蟀的出现与季节建立了联系。甲骨文中的“秋”字写作“[illegible]”，有的专家认为这应该画的是蟋蟀，果真如此的话，那说明殷商时代的人们已经把蟋蟀的出现作为一种物候现象。

先秦时期，蟋蟀已经进入文学作品，成为文人歌咏的对象。最初，人们只是把蟋蟀作为物候现象来描写。如，《诗经·豳风·七月》载：“五月斯螽动股，六月莎鸡振羽，七月在野，八月在宇，九月在户，十月蟋蟀入我床下。”[1] 又，《易通·卦验》云：“立秋蜻蛚鸣，白露下蜻蛚上堂。”[2] 又，《礼记·月令》云：“季夏之月……蟋蟀居壁。”[3]

后来，人们发现蟋蟀的鸣声很容易引起人们情感的共鸣，或悲或喜，或忧或愁，从而在诗文中予以表达。如，《诗经·唐风·蟋蟀》载：

> 蟋蟀在堂，岁聿其莫。今我不乐，日月其除。无已大康，职思其居。好乐无荒，良士瞿瞿。蟋蟀在堂，岁聿其逝。今我不乐，日月其迈。无已大康，职思其外。好乐无荒，良士蹶蹶。蟋蟀在堂，役车其休。今我不乐，日月其慆。无已大康，职思其忧。好乐无荒，良士休休。[4]

这里，作者已经在描写中注入了主观情感，用蟋蟀起兴，劝人勤勉。方玉润《诗经原始》云：“此真唐风也。其人素本勤俭，强作旷达，而又不敢过放其怀，恐耽逸乐，致荒本业，……今观

---

① ［汉］郑玄注，［唐］孔颖达疏：《毛诗正义》卷八，中华书局，1980。

② ［唐］徐坚：《初学记》卷三十《虫部》，乾隆五十一年文渊阁四库全书本。

③ ［汉］郑玄注，［唐］孔颖达疏：《礼记正义·月令第六》，中华书局，1980。

④ ［汉］郑玄注，［唐］孔颖达疏：《毛诗正义》卷六，中华书局，1980。

诗意，无所谓‘刺’，亦无所谓‘俭不中礼’，安见其必为僖公发哉？《序》好附会，而又无理，往往如是，断不可从。”① 钱锺书《管锥编》说：“按每章皆申‘好乐无荒’之戒，而宗旨归于及时行乐。”②

又如，宋玉《九辩》云：

> 独申旦而不寐兮，哀蟋蟀之宵征。时亹亹而过中兮，蹇淹留而无成。……澹容与而独倚兮，蟋蟀鸣此西堂。心怵惕而震荡兮，何所忧之多方。③

秋天寒夜，诗人孤独难寐，听那蟋蟀彻夜哀鸣，心中百无聊赖，独倚栏杆，不由得惆怅满腹。当时，宋玉被贬在外，孤凄无依，此处借蟋蟀而言志，抒发对君国的怀念和不幸身世的感叹。

在世界范围内，应当还没有其他国家的民众那么早就开始了解和欣赏蟋蟀这样的鸣虫，并把蟋蟀的鸣声与人类世界如此紧密地联系在一起。在床下、在厅堂中、在窗外、在草丛间，蟋蟀经久不息的“歌声”，从遥远的古代一直吟唱至今。它吟唱着离愁与乡情，吟唱着痛苦的相思和甜蜜的忧伤。

第八节 蝈蝈文化的初步形成

“啾啾榛蝈抱烟鸣，亘野黄云入望平。雅似长安铜雀噪，一般农候报西风。”④ 这是乾隆皇帝赞美蝈蝈的诗歌，道出了蝈蝈鸣声的优美动听。中国人历来视蝈蝈为宠物，形成了源远流长的蝈蝈文化并一直延续至今。

蝈蝈学名为短翅鸣螽，属于节肢动物门昆虫纲支翅目螽斯科

---

① ［清］方玉润：《诗经原始》上册，1986，第252页。

② 张文江：《管锥编读解》，上海古籍出版社，2005，增订本，第43页。

③ ［汉］王逸：《楚辞章句》卷八，商务印书馆，1922年四部丛刊本。

④ 周向涛：《历代题画诗雅集》，黄山书社，2010，第192页。

鸣螽属，别名“蚰子”。“蝈蝈”二字当是人们因其声音而名之。故在古时多写作“蛞蛞”或“聒聒”等。“蝈”字最早出现于商周时期，《周礼·秋官·蝈氏》：“蝈氏，掌去鼃黾。”[1] 这里的“蝈”一般认为是指青蛙，对此还存在争议。当时还没有蝈蝈这个称呼，而是把蝈蝈和蝗虫笼统称之为“螽斯”。《诗经·国风·周南》中有《螽斯》一篇，很多学者认为写的是蝈蝈。

蝈蝈之所以能够为国人喜欢，固然是因为其美妙的鸣声。但从更深层次的文化内涵讲，还与先秦文化中对蝈蝈的生殖崇拜有着密切的关系。而这种生殖崇拜的产生与先秦时代人们重视家族繁盛的观念有关。

家族对个人和国家都是非常重要的。

> 家，具有束缚与归属的双重属性，个体通过血缘关系已与作为自己身心依托的家族紧密地融为一体的了。对于个体生命而言，“家族不仅仅是一种经济单位、宗亲血缘单位，也不仅仅作为个体人所依赖的经济力、社会政治力；由于长期历史生活的积淀作用，它已直接过渡、转化为个体所依赖的一种“心理力”了。一方面，个体只有通过家的纵向结构——代系的不断繁衍、扩大、兴盛才能实现确认自己发展的无限性；另一方面，个体又要通过家的横断面结构——宗亲关系、族亲关系，婚姻关系将自己的力量扩张、铺展、融合到社会的横向联系乃至国家机器中去。个人只有在这种“家”“族”“国”的联系统一中，才能找到自己的力量，发现并享有自身的强健感。如果个体依赖的整体分崩离析，那么个体也就“皮之不存，毛将焉附”了。[2]

先秦时代，我国已经初步形成了以宗法制为核心，家国同构

① ［汉］郑玄注，［唐］贾公彦疏：《周礼注疏》卷三十七，中华书局，1980。

② 梅新林：《红楼梦的哲学精神》，学林出版社，1995，第 333－334 页。

为基础的社会结构。《孟子·离娄上》曰："人有恒言，皆曰'天下国家。'天下之本在国，国之本在家，家之本在身。"① 《礼记·哀公问》引孔子曰："天地不合，万物不生。大昏，万世之嗣也。"②《礼记·郊特牲》曰："夫昏礼万世之始也，取于异姓，所以附远厚别也。"③ 可见，古人对婚姻是多么重视。古人之所以如此重视婚姻，与他们重视家族繁盛的观念有关。在古代，婚姻被赋予"合二姓之好，上以事宗庙，而下以继后世"④ 的职责。"人道所以有嫁娶何？……重人伦，广继嗣也"⑤。这就道出了婚姻的一个重要目的，就是为了满足"人类自身的生产，即种的繁衍"⑥。一个家族只有不断繁衍，开枝散叶，枝繁叶茂，才可以兴旺发达；否则，就有可能走向衰落，而最终消亡。

血缘的持续是维系家族发展的纽带，要想使家族长盛不衰，就要保证子孙的不断繁衍，由此又衍生出"早养儿早得福""多子多福"的思想观念。《诗经·大雅·假乐》中有"千禄百福，子孙千亿"⑦ 的颂词，这里将"千禄百福"与多子多孙并列，用以对周天子乃至国家的祝福和赞颂。《庄子·天地》记载，尧帝去华山游览，华山封人就曾祝福他："使圣人多男子。"尧曰："辞。"封人曰："寿、富、多男子，人之所欲也。"⑧ 《列子·汤

---

① [汉] 赵岐：《孟子注疏》卷七《离娄　上》，孙奭疏疏，中华书局，1980。

② [汉] 郑玄注，[唐] 孔颖达疏：《礼记正义》卷五十《哀公问第二十七》，中华书局，1980。

③ [汉] 郑玄注，[唐] 孔颖达疏：《礼记正义》卷二十六《郊特牲第十一》，中华书局，1980。

④ [汉] 郑玄注，[唐] 孔颖达疏：《礼记正义》卷五《曲礼下第二》，中华书局，1980。

⑤ [汉] 班固：《白虎通义》卷九《嫁娶》，乾隆四十六年文渊阁四库全书本。

⑥ 恩格斯：《家庭、私有制和国家的起源》，人民出版社，1995，第 2 页。

⑦ [汉] 郑玄注，[唐] 孔颖达疏：《毛诗正义》卷十七，中华书局，1980。

⑧ [战国] 庄周《南华真经三》外篇《天地第十二》，[晋] 郭象注，商务印书馆，1922 年四部丛刊景明世德堂刊本。

问》所讲到的愚公对移山充满了自信，就是因为他思想中有“虽我之死，有子存焉。子又生孙，孙又生子，子又有子，子又有孙，子子孙孙，无穷匮也，而山不加增，何苦而不平”[①] 的坚定信念。

另外，在先秦时期民间的鬼神信仰观念里，人死之后就变成了鬼，去往与阳世人间相对的阴间世界生存。这些到了阴间的鬼，需要阳间的子孙使用香火祭品供奉。如果后嗣断绝，香火祭品断绝，这些鬼就会变成饿鬼，在阴间遭受无穷无尽的痛苦折磨。可见，保证子孙的繁衍与香火的持续对古人来说是多么重要。

子孙的不断繁衍，便意味着拥有促使生产发展的大量劳动力，这对于一个家族甚至国家来说，都是至关重要的。为了增加人口，统治者甚至通过制定法令来鼓励生育。《周礼·地官·大司徒》曰：“以保息六养万民：一曰慈幼……六曰安富。”郑玄注：“慈幼，谓爱幼少也。产子三人与之母，二人与之饩。”[②]《孟子·告子下》：中记载“葵丘之会诸侯……三命曰：敬老慈幼，无忘宾旅。”[③]

《国语·越语》曰：

> 寡人闻古之贤君，四方之民归之，若水之归下也。今寡人不能，将帅二三子夫妇以蕃。令壮者无取老妇，令老者无取壮妻；女子十七不嫁，其父母有罪；丈夫二十不取，其父母有罪。将免者以告，公令医守之。生丈夫，二壶酒，一犬；生女子，二壶酒，一豚；生三人，公与之母；生二子，公与之饩。[④]

---

① ［战国］列御寇：《列子·汤问第五》，乾隆四十三年文渊阁四库全书本。

② ［汉］郑玄注，［唐］贾公彦疏：《周礼注疏》卷十，中华书局，1980。

③ ［汉］赵岐：《孟子注疏》卷七《离娄 上》，孙奭疏疏，中华书局，1980。

④ ［三国吴］韦昭：《国语》，上海古籍出版社。

从这些记载来看，生育的家庭可以享受官府的物资奖励，可认为先秦时期统治者已相当重视人口保养了。这种措施的推行使得人们重视家族繁衍的观念进一步深入。而这大大加强了人们重视家族繁衍的传统观念。钱穆说："家庭缔结之终极目标应该是父母子女之永恒连属，使人生绵延不绝。短生命融入于长生命，家族传袭，几乎是中国人的宗教安慰。中国古史上的王朝家族，便是由家族传袭。"①

蝈蝈，先秦时称为"螽斯"。在自然界中，蝈蝈繁殖力极强。朱熹《诗经集传》曰："螽斯，蝗属。长而青，长角长股，能以股相切作声，一生九十九子。"② 在民间也有"螽斯生百子"的说法，是多子多孙的象征。《诗经·周南·螽斯》："螽斯羽，诜诜兮，宜尔子孙，振振兮。螽斯羽，薨薨兮，宜尔子孙，绳绳兮。螽斯羽，揖揖兮，宜尔子孙，蛰蛰兮。"③ 这首诗是先民颂祝家族多子多孙的祈祷之词。全诗以螽斯的多子多孙比喻家族多子多孙，世代兴旺，绵延不绝。《毛诗序》曰："《螽斯》，后妃子孙众多也，言若螽斯。不妒忌，则子孙众多也。"④ 郑玄笺："凡物有阴阳情欲者，无不妬忌，维蚣蝑不耳，各得受气而生子，故能诜诜然众多。后妃之德能如是，则宜然。"⑤ 清朝训诂学家王念孙也认为："首章之振振言其仁厚，二章之绳绳言其戒慎，三章之蛰蛰言其和集，皆称其子孙之贤，非徒其子孙之众多而已。"⑥ 商周时期，这首诗流行于周南的涂山一带，而当地的腾煌氏，就是以螽斯为图腾，以此祈求神灵庇佑他们繁育子孙，这体现了华夏民族对人口兴旺的崇尚。

因此，蝈蝈成了先秦人们心目中的生殖神，而把蝈蝈作为生

---

① 钱穆：《中国文化史导论》，商务印书馆，1994，修订本，第53页。

② ［宋］朱熹：《新刊四书五经　诗经集传》，中国书店，1994，第5页。

③④⑤ ［汉］郑玄注，［唐］孔颖达疏：《毛诗正义》卷一，中华书局，1980。

⑥ 王引之：《经义述闻》卷二十七《尔雅 中》，道光九年学海堂皇清经解本。

殖崇拜的象征物，则表达了先民们祈求子嗣昌盛、人丁兴旺，事业发达的美好愿望。这表明以生殖崇拜为核心内涵的蝈蝈文化初步形成。

第四章

秦汉至隋唐时期中国昆虫文化的发展

秦汉至隋唐时期是中国封建社会的上升时期，封建政治、经济和文化逐步发展并达到繁荣。这时期，封建统治者的文化政策不断变化。先有秦代“焚书坑儒”，施行文化专制，后有汉代“罢黜百家，独尊儒术”，使文化专制进一步加强。而唐代则实行“重振儒术，兼重佛老”，统治者一方面鼓励推广佛学与道家学说，另一方面又特别重视儒学，施行“兼容并包”的开明文化政策。因此，唐代的文化实现了空前繁荣，诗歌、艺术和中外文化交流，在文化史上均达到封建时代的巅峰。

在文化繁荣的背景下，秦汉至隋唐时期，昆虫文化在先秦时期初步形成的基础上，也有了长足的发展，主要表现在以下方面：

其一，随着农业科技的进步，人们对昆虫的认识进一步加深，可食用昆虫的种类大为增加，食用方式日渐增多，食虫地域进一步扩大，推动了我国饮食文化的发展。

其二，昆虫与生产、生活、文娱、制度、信仰等方面的民俗活动或民俗现象产生了越来越多的联系，成为民俗文化的重要内容。自然界的小小昆虫，从先民的盘中物，到成为文化符号，内涵越来越丰厚，这也从一个狭窄的侧面折射出我们祖先文明进化的印记。

其三，随着文学的发展和繁荣，昆虫意象在中国古代文学中占有了越来越重要的地位，在不同层面上折射出中国传统文人种种复杂的心态，或高洁、或畏祸、或超脱，从一个特殊的角度反映了古代文人的心路历程。

第一节　食用昆虫文化的发展

秦汉至隋唐时期，随着社会政治、经济和文化的进步，中国食用昆虫文化得到了很大发展。

汉代魏晋南北朝时期，食用蚁、蝉等昆虫的习俗依然流行。蚁的食法，还是做蚁卵酱。三国时吴人韦昭注释《国语·鲁语》“虫舍蚔蝝”时云：“蚔，蚁子也，可以为醢。”[①] 而蝉则有了更多的食用方法。三国时魏人曹植的《蝉赋》云：“委厥体于膳夫，归炎炭而就燔。”[②] 燔，就是烤，这展现了当时用炭火烤蝉食用的情景。北魏时高阳太守贾思勰在《齐民要术·菹绿篇》中则记载了蝉脯的炙、蒸两种吃法：“蝉脯菹法：‘捶之，火炙令熟。细擘，下酢。’又云：‘蒸之。细切香菜置上’又云：‘下沸汤中，即出，擘，如上香菜蓼法。’”[③]

除了蚁和蝉，汉魏时期文献中还有食用蚕蛹、蝗虫、桂蠹、绀蝶、蛴螬等昆虫的记载，这几种昆虫的食用没有见之于前代文献，说明可食用昆虫的范围进一步扩大了。

我国是桑蚕大国，饮食文化中食用蚕蛹应当是早有的习俗。不过，直到晋代，文献中才有了食用蚕蛹的文字记载。《尔雅》云：“蒴蘈，豕首也。”郭璞注云：“江东呼为豨首，可以炒蚕

①② ［清］严可均：《全上古三代秦汉三国六朝文》第三册，河北教育出版社，1997，第152页。

③ 缪启愉、缪桂龙：《齐民要术译注》，上海古籍出版社，2006，第617页。

蛹食。”[①]

蝗虫是农田中常见的害虫，古代文献中对其多有记载，但没有食用它的记录。三国时吴人韦昭注释《国语·鲁语》“虫舍蚳蝝”句中的“蝝”时云：“复陶也，可食。”[②] 复陶，是还没有长出翅膀的幼蝗。[③] 三国时期的《吴书》亦曰：“袁术在寿春，谷石百余万，载金钱之市求籴，市无米而弃钱去，百姓饥穷，以桑椹、蝗虫为干饭。”[④] 这里“以蝗虫为干饭”的记载，说明当时的百姓无粮可食时，就把蝗虫蒸煮之后作为主食来充饥。可以推测，至迟到三国时期，食用蝗虫就已经成为百姓可以接受的习俗了。

对桂蠹的记载见于《汉书·南粤王》，文曰：“谨北面因使者献白璧一双，翠鸟千，犀角十，紫贝五百，桂蠹一器，生翠四十双，孔雀二双。”[⑤] 这里，桂蠹是南粤王献给朝廷的贡品。对于此物应劭解释道：“桂树中蝎虫也。”[⑥]不过，这里的蝎虫并非是俗称的蝎子，而是一种寄生在桂树中的昆虫，即天牛的幼虫。[⑦] 这种昆虫是可以食用的，“此虫食桂，故味辛，而渍之以蜜食之也。”[⑧]把桂蠹用蜂蜜浸泡后食用，味道应该不错。此后，梁简文帝的《七励》，黄庭坚的《药名诗奉送杨十三子问省亲清江》，李时珍的《本草纲目》等文献中均有食用它的记载。不过，桂蠹是一种非常名贵的美食，“汉旧仪常以献陵庙，载以

---

① ［明］李时珍：《本草纲目》第十五卷《草部》，光绪十一年味古斋刻本。

② ［三国吴］韦昭：《国语解》卷四，中华书局，1936年四部备要本。

③ 王祖望、黄复生：《中华大典　生物学典　动物分典2》，云南教育出版社，2015，第478页。

④ ［唐］欧阳询：《艺文类聚》卷一百《灾异部》，乾隆四十四年文渊阁四库全书本。

⑤⑥⑧ ［汉］班固：《汉书》卷九十五，颜师古注，乾隆四年武英殿刻本。

⑦ 作者按：学术界对于桂蠹是昆虫没有异议，但具体是何种昆虫还有争议，主流的观点认为是天牛幼虫。详见马金霞：《说“桂蠹”》，《农业考古》2012年第6期，第256－257页。

赤毂小车。"[①] 故食用此物可能主要流行于上层社会的饮食文化中。

绀蝶，古人认为是蜻蜓的一种。晋崔豹《古今注》云："绀蝶，一名蜻蛉，似蜻蛉而色玄绀，辽东人呼为绀幡，亦曰童幡，亦曰天鸡。好以七月群飞暗天，海边夷貊食之，谓海中青虾化为之也。"[②] 这说明，在晋代，临海而居的人们已经有吃绀蝶的习俗了。

蛴螬，是一种较为常见的昆虫，是金龟甲的幼虫，又称地蚕、核桃虫等。《法苑珠林》卷六十二引祖台《志怪》载："吴中书郎咸冲至孝。母王氏失明，冲暂行，敕婢为母作食。乃取蛴螬虫蒸食之。王氏甚以为美，不知是何物。儿还，王氏语曰：'汝行后，婢进吾一食，甚甘美极。然非鱼非肉，汝试问之。'既而问婢，婢服实是蛴螬。冲抱母痛哭，母目霍然开明。"[③] 依常理，奴婢应当是把民间百姓常吃的蛴螬蒸后与王氏吃的，否则她是不敢贸然给王氏尝试的。这从一个侧面证明了当时民间饮食文化中食用蛴螬应当已经相当普遍了。吃蛴螬还治好了王氏的失明，可见，此物不仅是美食，还具备药用功效。南朝梁代陶弘景《本草经集注》中就记载把蛴螬与猪蹄一起做汤，"与母乳不能别之"[④]。

隋唐时期，随着封建经济的繁荣，食用昆虫文化也得到了进一步发展。此时，食用蚁卵酱已经在南方的饮食文化中流传开来。唐朝刘恂所著《岭表录异》记载："交广溪洞间，酋长多收蚁卵，淘泽令净，卤以为酱，或云其味酷似肉酱，非官客亲友不可得也。"[⑤]

在唐以前，饮食文化中虽有食用蜂的记载，但对其食用种类

① ［汉］班固：《汉书》卷九十五，颜师古注，乾隆四年武英殿刻本。

② ［晋］崔豹：《古今注》，商务印书馆，1956，第51页。

③ ［唐］释道世：《法苑珠林》卷四十九，道光五年蒋氏燕园刻本。

④ ［明］李时珍：《本草纲目》第四十一卷《虫部》，光绪十一年味古斋刻本。

⑤ ［唐］刘恂：《岭表录异》卷下，乾隆四十一年文渊阁四库全书本。

和食用方式等记载并不详细，而唐代的文献中对这些内容便有了明确记载。《岭表录异》云：“大蜂结房于山林间，大如巨钟，其中数百层。土人采时，须以草覆蔽体以捍其毒螫，复以烟火熏散蜂母，乃敢攀缘崖木，断其蒂。一房中蜂子，或五六斗至一石。以盐炒曝干，寄入京洛，以为方物。然房中蜂子，三分之一翅足已成，则不堪用。”[①] 蜂子就是大黄蜂的幼虫，这里详细记录了人们捕捉和食用蜂子的过程，经过加盐爆炒后，蜂子成为异常珍贵的美味佳肴。

这一时期，饮食文化中关于食用蝗虫的记载较多。如，唐德宗兴元元年（784）秋，“关辅大蝗，田稼食尽，百姓饥，扑蝗为食，蒸曝，飏去足翅而食之。”[②] 可见，对于唐时期灾荒之年的记载中有民间百姓食用蝗虫的记录。食蝗习俗在唐代饮食文化中的兴盛与灾荒之年唐代统治者的大力提倡息息相关。《旧唐书·五行志》曰：“贞观二年六月，京畿旱，蝗食稼。太宗在苑中掇蝗，咒之曰：‘人以谷为命，而汝害之，是害吾民也。百姓有过，在予一人，汝若通灵，但当食我，无害吾民。’将吞之，侍臣恐上致疾，遽谏止之。上曰：‘所冀移灾朕躬，何疾之避？’遂吞之。是岁蝗不为患。”[③] 唐太宗吞蝗的行为，给习惯于顺从皇权权威的民间百姓树立了学习仿效的榜样，必然会在社会上产生巨大影响，对食用蝗虫发展成为一种流行的饮食文化起到了推波助澜的重要作用。

唐代食用昆虫文化中还有许多前朝未曾记载过的奇特之处，如对臭虫的食用。臭虫是寄生在人和动物身体上的昆虫，深为人们所厌恶，但却有人喜欢吃。据《耕余博览》载，唐朝剑南东川节度使鲜于叔明好食臭虫，时人谓之蟠虫。“每采拾得三、五升，浮于微热水，泄其气，以酥及五味熬卷饼食之，云天下佳味”。[④]

---

① ［唐］刘恂：《岭表录异》卷下，乾隆四十一年文渊阁四库全书本。

②③ ［唐］刘昫：《旧唐书》卷三十七《志第十七》，乾隆十二年武英殿刻本。

④ ［明］冯梦龙：《古今谭概·癖嗜部第九》，泰昌元年墨憨斋刻本。

这位节度使真可谓是口味独特了。

第二节　蚕文化的发展

秦汉至隋唐时期，蚕神信仰有了进一步的发展，不但织女和马头娘这两位蚕神的形象得到进一步完善和具体化，而且嫘祖、菀窳夫人、寓氏公主、紫姑等多种蚕神形象也在民间形成并流行起来。

先秦时代，织女已具备了纺织女神的雏形。汉代以后，织女的形象进一步发展和完善。刘安《淮南子·俶真训》曰："妾宓妃，妻织女。"[①]《纬书·春秋元命苞》曰："织女之为言，神女也。"[②] 班固《西都赋》曰："临乎昆明之池，左牵牛而右织女，似云汉之无涯。"[③] 据李善注引《汉宫阙疏》记载，这里的牵牛和织女指的是昆明池上的两位石头神像，而昆明池建于汉武帝时期。可见，西汉时，织女已经由星宿变成了神仙了。而后世关于牛郎织女的神话传说更是家喻户晓。

东汉时期的《古诗十九首》之《迢迢牵牛星》载：

> 迢迢牵牛星，皎皎河汉女。纤纤擢素手，札札弄机杼。终日不成章，泣涕零如雨。河汉清且浅，相去复几许？盈盈一水间，脉脉不得语。

南北朝任昉《述异记》载：

> 大河之东，有美女丽人，乃天帝之子，机杼女工，年年劳役，织成云雾绡缣之衣，辛苦殊无欢悦，容貌不

① ［汉］刘安，等：《淮南子》卷二《俶真训》，乾隆五十三年庄氏咸宁官舍庄逵吉本。

② ［唐］徐坚：《初学记》卷二，乾隆五十一年文渊阁四库全书本。

③ 《全上古三秦汉三国六朝文》第 2 册《后汉》，河北教育出版社，1997，第 238 页。

暇整理，天帝怜其独处，嫁与河西牵牛为妻，自此即废织纴之功，贪欢不归。帝怒，责归河东，一年一度相会。

在民间传说中，织女是纺织女神的观念深入人心，这就为民间把她当作蚕神来膜拜奠定了基础。汉代以后，民间信仰中的织女除了作为纺织女神外，还逐渐具有了蚕神的属性。《山海经》载："又东五十里曰宣山，沦水出焉，东南流注于视水，其中多蛟，其上有桑焉，大五十尺，其枝四衢，其叶大尺余，赤理黄华青柎，名曰帝女之桑。"[①] 这里，"帝女之桑"所言"帝女"当是织女。《史记・天官书》云："织女，天女孙也。"[②]《汉书・天文志》云："织女，天帝孙也。"[③]《后汉书》云："织女，天之真女。"[④]《晋书》云："织女三星在天纪东端，织女，天女也。"[⑤]之所以《山海经》中把桑树叫作"帝女之桑"，按郭璞的解释则为："妇女主蚕，故以名桑。"[⑥]《艺文类聚》卷八十八引郭氏《赞》云："爰有洪桑，生滨沦潭，厥围五丈，枝相交参。园客是采，帝女所蚕。"[⑦] 可知，郭璞所言"妇女"指的是帝女，也就是织女。她具有主蚕的职责，也就是说，织女是主蚕桑之神。《史记・天官书》云："婺女，其北织女。织女，天女孙也。"张守节正义："织女三星，在河北天纪东，天女也，主果蓏丝帛珍宝。"[⑧]由此可见，汉代以来，织女确实被当作主管蚕桑的神，除了蚕桑外，她还掌管着瓜果的收获。

嫘祖是在民间广为流传的一位蚕神。在民间传说中，嫘祖是黄帝的妻子。最早提到这种说法的是《山海经・海内经》，

① 《山海经》卷八，乾隆四十六年文渊阁四库全书本。

②⑧ ［汉］司马迁：《史记》卷二十七，乾隆四年武英殿刻本。

③ ［汉］班固：《汉书》卷二十六，乾隆四年武英殿刻本。

④ ［汉］范晔：《后汉书》卷一百一十一，乾隆四年武英殿刻本。

⑤ ［唐］房玄龄：《晋书》卷十一，乾隆四年武英殿刻本。

⑥ 《山海经》，沈海波点校，上海古籍出版社，2015，第225页。

⑦ ［唐］欧阳询：《艺文类聚》卷八十八，乾隆四十四年文渊阁四库全书本。

文曰："流沙之东，黑水之西，有朝云之国，……黄帝妻雷祖，生昌意，昌意降处若水，生韩流。……"① 后来，这种说法被史书采纳。《史记·五帝本纪》云："黄帝居轩辕之丘，而娶于西陵氏之女，是为嫘祖。嫘祖为黄帝正妃。生二子，其后皆有天下。"②

民间把嫘祖和蚕神相联系，最迟当在隋代。《隋书》云："北周制，以一太宰亲祭，进尊先蚕西陵氏。"③ 唐代赵蕤《嫘祖圣地》碑文称："嫘祖首创种桑养蚕之法，抽丝编绢之术，谏诤黄帝，旨定农桑，法制衣裳，兴嫁娶，尚礼仪，架宫室，奠国基，统一中原，弼政之功，殁世不忘。是以尊为先蚕。"④ 至此，黄帝元妃、嫘祖、蚕神已经合为一人（神）。

汉代到唐代，作为蚕神的马头娘形象得到进一步完善。汉代时，马头娘不再仅仅停留在传说之中，而是有了画像的形式和文本的记载。在山东出土的汉代画像石中有两幅刻有马头蚕神的形象。一幅画像，中央为西王母正面凭几端坐，西王母之左有一马头人身者捧杯形物（内盛蚕种）。另一幅画像，中央为东王公正面端坐，东王公之左为一马头人身执笏跪拜者。江苏徐州也出土了马头神画像石，画像中刻有马头人身者向西王母揖拜。专家认为，上述三幅画像石中的马头神就是我国古代民间传说中的蚕神——马头娘的艺术形象。⑤

虽然这些画像描绘的只是故事的一个瞬间，但它们的出现却是"由当时流行的意识形态的话语权决定的"⑥。也就是说，这

---

① 《山海经》海经卷十三，乾隆四十六年文渊阁四库全书本。

② ［汉］司马迁：《史记》卷一，乾隆四年武英殿刻本。

③ ［唐］魏征：《隋书》卷七，乾隆四年武英殿刻本。

④ 《绵阳文史丛书》第6辑，中国人民政治协商会议四川省绵阳市委员会文史资料研究委员会，1990，第144页。

⑤ 牛天伟：《汉晋画像石、砖中的"蚕马神像"考》，载《中国汉画研究》第1卷，广西师范大学出版社，2004，第90-91页。

⑥ 朱存明：《汉画之美：汉画像与中国传统审美观念研究》，商务印书馆，2011，第222页。

些图像可以佐证马头娘的神话传说在汉代是非常流行的。而后，关于马头娘的传说更加的丰满和生动。

晋代干宝的《搜神记》中记载：

> 旧说，太古之时，有大人远征，家无余人，唯有一女，牡马一匹，女亲养之。穷居幽处，思念其父，乃戏马曰："尔能为我迎得父还，吾将嫁汝"。马既承此言，乃绝缰而去，径至父处，父见马惊喜，因取而乘之。马望所自来，悲鸣不已。父曰："此马无事如此，我家得无有故乎?"亟乘以归，为畜生有非常之情，故厚加刍养。马不肯食。每见女出入，辄喜怒奋击。如此非一，父怪之，密以问女，女具以告父，必为是故。父曰："勿言，恐辱家门，且莫出入。"于是伏弩射杀之，暴皮于庭。父行，女与邻女于皮所戏，以足蹴之曰："汝是畜生，而欲取人为妇耶！招此屠剥，如何自苦。"言未及竟，马皮蹷然而起，卷女以行，邻女忙怕，不敢救之。走告其父，……后经数日，得于大树枝间，女及马皮，尽化为蚕，而绩于树上。……邻妇取而养之，其收数倍，因命树曰桑。……今世所养是也。①

至此，蚕马神话正式成型，而马头娘的形象也固定下来，披马皮成为一个独特的象征。马头娘的传说在民间广为流传，人们信奉马头娘为蚕神，各地都有关于马头娘的祭祀。唐人孙颜《原化传拾遗》之"蚕女"云："今冢在什邡、绵竹、德阳三县界，每岁祈蚕者，四方云集，皆获灵应。宫观诸化塑女子之像，披马皮，谓之马头娘，以祈蚕桑焉。"②

---

① ［晋］干宝：《搜神记》，黄涤明译注，载《搜神记全译》，贵州人民出版社，2008，第432页。

② ［明］冯梦龙评《太平广记钞　下》，团结出版社，1996，第814页。

汉代民间信仰中新出现的蚕神是菀窳夫人、寓氏公主。汉卫宏《汉旧仪下·中宫及号位》曰："春，桑生而皇后亲桑。曰苑窳妇人、寓氏公主，凡二神。"[1]《后汉书·仪礼志》曰："……是月皇后帅公卿诸侯夫人蚕。祠先蚕，礼以少牢。"刘昭注："《汉旧仪》曰：'……今蚕神曰菀窳夫人，寓氏公主，凡二神。'"[2] 晋人干宝《搜神记》卷十四云："汉礼，皇后亲采桑祀蚕神，曰菀窳妇人、寓氏公主。主者，女之尊称也；菀窳妇人，先蚕者也。故今世或谓蚕为女儿者，是古之遗言也。"[3]《晋书·礼志上》曰："汉仪，皇后亲桑东郊苑中，蚕室祭蚕神，曰苑窳妇人、寓氏公主。"[4] 一直到唐代，民间对二位蚕神的信奉也持续存在着。唐代杜佑《通典》曰："春桑生而皇后亲桑。于苑中蚕室，养蚕千薄以上，祠以中牢羊豕，祭蚕神曰苑窳妇人、寓氏公主，凡二神。"[5]

那么，菀窳夫人和寓氏公主都是蚕神，为什么又有夫人和公主之分呢？关于这一点，专家也有所考证：

> 可能夫人是已婚的，代表大蚕做茧成蛾；公主是未婚的，代表前期幼蚕的生长，故分二神祭祀。"菀窳"二字费解，从字义看，"菀"通"苑"，"苑"有宫室义，"窳"指低洼处，有下湿义。蚕室的温度宜凉爽，湿度宜偏湿，桑叶才不会很快干燥。室内如偏燥，桑叶失水太快，不利于蚕儿进食且浪费。保湿尤其以蚁蚕期为重要，因排泄的蚕屎量增加，大蚕本身已较多湿气，故不必特意保湿。所谓菀窳夫人，当指在卑湿的蚕室中

---

① ［清］孙星衍，等：《汉官六种》，周天游点校，中华书局，1990，第85页。

② ［汉］范晔：《后汉书》卷九十四《志第四·礼仪上》，乾隆四十一年文渊阁四库全书本。

③ ［汉］干宝：《搜神记》卷十四，崇祯三年毛晋津逮秘书本。

④ ［唐］房玄龄：《晋书》卷十九，乾隆四年武英殿刻本。

⑤ ［唐］杜佑：《通典》卷四十六，乾隆四十一年文渊阁四库全书本。

养蚕的夫人。“寓”有寄居之意，寓氏当指寄寓于蚕室的公主。原始社会的氏族长要带头领导播种和养蚕，世代相传，成了祭祀的神。菀窳夫人和寓氏公主是宫廷王室后妃负责养蚕者的蚕神化，它们不是来自民间。①

汉代到隋唐时期，文学作品中以蚕桑为题材的作品逐渐增多，由最初的简单提及至以歌咏蚕桑为主，反映了蚕桑与社会生产、社会生活越来越密切的关系，蚕桑题材文学也成为反映社会物质和精神文化生活的重要手段。

汉魏诗歌中有很多作品提及蚕桑，这些描写中往往把蚕桑跟女子的美好形象联系在一起，在诗人笔下，劳动中的养蚕采桑女子美丽动人，充满活力。如《陌上桑》中对秦罗敷的描写：

罗敷喜蚕桑，采桑城南隅。青丝为笼系，桂枝为笼钩。头上倭堕髻，耳中明月珠。缃绮为下裙，紫绮为上襦。②

又如，三国时曹植《美女篇》，诗曰：

美女妖且贤，采桑歧路间。柔条纷冉冉，落叶何翩翩。③

这里，四句诗便把一幅美女采桑图生动地呈现在读者眼前，极具画面感。

---

① 北京大学中国考古学研究中心、北京大学古代文明研究中心：《古代文明（第一卷）》，文物出版社2002，第300页。

② ［宋］郭茂倩：《乐府诗集》卷二十八，四部丛刊本。

③ ［三国魏］曹植：《曹子建集》卷六，商务印书馆，1922年续古逸丛书影印本。

魏晋时期田园诗人陶渊明的诗歌中，描写蚕桑的内容有很多，这些诗句很好地表现了他不同场景下的思想感情。如，《归园田居》其一，曰：

> 开荒南野际，守拙归园田。方宅十余亩，草屋八九间。榆柳荫后檐，桃李罗堂前。暧暧远人村，依依墟里烟。狗吠深巷中，鸡鸣桑树巅。[①]

“鸡鸣桑树巅”，十分生动地描绘了宁静纯朴的农村生活画面。

又，《归园田居》其二，曰：

> 白日掩荆扉，虚室绝尘想。时复墟曲中，披草共来往。相见无杂言，但道桑麻长。[②]

作者与老农畅谈桑麻，把纯朴的乡间民风形象生动地表达出来。

又如，《劝农》：

> 熙熙令德，猗猗原陆。卉木繁荣，和风清穆。纷纷士女，趋时竞逐。桑妇宵兴，农夫野宿。[③]

“桑妇宵兴，农夫野宿”描写了农夫辛勤劳动的场面，作者以此劝勉农民要勤于耕织。

诗人信手拈来的描写，也从一个侧面体现了桑树种植的普遍和养蚕业的兴旺。

魏晋开始，涌现出大量以蚕为主的赋作。

---

①② ［晋］陶潜：《陶渊明集》卷二《诗五言》，商务印书馆，1919年四部丛刊初编本。

③ ［晋］陶潜：《陶渊明集》卷四《诗四言》，商务印书馆，1919年四部丛刊初编本。

魏代嵇康有《蚕赋》，但是仅存残句："食桑而吐丝，前乱而后治。"这两句出自荀子的《蚕赋》，整篇已经看不到。

西晋杨泉有《蚕赋》云：

> 惟阴阳之产物，气陶化而播流，物受气而含生，皆缠绵而自周。伊夫蚕之为物，功巨大而弘优，成天子之衮冕，著皇后之盛服，昭五色之玄黄，作四时之单复。是以王者贵此功焉，使皇后命三宫之夫人，又世妇之吉者，亲桑于北宫。……①

杨泉《蚕赋》歌颂了蚕对人类的伟大贡献，描述了蚕的生长、繁殖过程，向我们展示了1 800年前先人养蚕的状况，也从一个侧面反映出汉晋时期养蚕业的兴旺繁荣。

唐代王起有《冰蚕赋》，赋曰：

> 懿北极之寒劲，有珍蚕之处冰。非柔桑之是食，非幽室之是凭。托彼峨峨，且不资于春煦；抽其曳曳，自有乐于阴凝。既违燥而就湿，知同类而殊能。尔其元律穷，芳岁暮。百谷风壮，群川冰固。游片片之凝光，映重重之积素。十亩之间兮泄泄何劳，六尺之内兮涓涓正冱。既苦寒而不倦，将载绩而是务。观夫如临如履，经之营之。隔皑皑之积冰，吐漠漠之轻丝。朱绿曳而愈出，黼黻成而是资。焕乎有章，岂寒女之能得；超然独处，信夏虫之所疑。……②

冰蚕是传说中的一种蚕。《拾遗记》卷十曰："员峤山……有冰蚕，长七寸，黑色，有角，有鳞。以霜雪覆之，然后作茧，长

---

① 《全上古三秦汉三国六朝文》第3册《三国》，河北教育出版社，1997，第707页。

② 周绍良：《全唐文新编第3部》第3册，吉林文史出版社，2000，第7250页。

一尺，其色五彩。织为文锦，如水不濡，以之投火，经宿不燎。”[①] 此赋据此传说写出，全依作者想象而成。作者描写了冰蚕奇特的生活习性，赞美它寒冰卧雪，不畏艰难，默默奉献的精神。

唐代陆龟蒙的《蚕赋》也是咏蚕赋中非常有特色的一篇。《蚕赋》并序曰：

> 荀卿子有《蚕赋》，杨泉亦为之，皆言蚕有功于世，不斥其祸于民也。余激而赋之，极言其不可，能无意乎？诗人《硕鼠》之刺，于是乎在。
>
> 古民之衣，或羽或皮。无得无丧，其游熙熙。艺麻缉纑，官初喜窥。十夺四五，民心乃离。
>
> 逮蚕之生，茧厚丝美。机杼经纬，龙鸾葩卉。官涎益馋，尽取后已。呜呼！既豢而烹，蚕实病此。伐桑灭蚕，民不冻死。[②]

此赋虽名为《蚕赋》，却一反常态，没有像荀子那样写蚕本身的生活习性、特点和奉献，也不像杨泉那样赞美“蚕之为物，功巨大而弘优”，而是“赋物言志”，通过写蚕，表达自己对劳动人民在不同时期的遭遇的同情。“呜呼”之后语句，为诗人感情激愤的总爆发，是对社会黑暗、官吏腐败的愤懑谴责和辛辣嘲讽。

唐代诗歌繁荣，写蚕的作品非常多。据对《全唐诗》的不完全统计，写蚕的诗多达四百九十余首。这些诗通过写蚕表达了作者复杂的思想情感。

有的通过写蚕表现蚕农通过悲惨生活。如，唐彦谦《采桑女》，诗曰：

---

① ［晋］王嘉：《拾遗记》卷十，明嘉靖十三年世德堂翻宋本。

② 倪文杰：《全唐文精华》，大连出版社，1999，第4521页。

春风吹蚕细如蚁，桑芽才努青鸦嘴。侵晨探采谁家女，手挽长条泪如雨。去岁初眠当此时，今岁春寒叶放迟。愁听门外催里胥，官家二月收新丝。①

小蚕刚如蚁，桑嫩才冒芽时，里胥就催买新丝。这首诗揭露了晚唐时统治者横征暴敛，对养蚕种桑者进行残酷剥削，给人民带来了无尽的悲苦。

又如，王建《簇蚕辞》，文曰：

蚕欲老，箔头作茧丝皓皓。场宽地高风日多，不向中庭燃蒿草。神蚕急作莫悠扬，年来为尔祭神桑。但得青天不下雨，上无苍蝇下无鼠。新妇拜簇愿茧稠，女洒桃浆男打鼓。三日开箔雪团团，先将新茧送县官。已闻乡里催织作，去与谁人身上著。②

这首诗写到了蚕农的辛苦劳作，虽然获得了丰收，但内心却并没有喜悦，因为自己的劳动果实都要交给官府，而自己依然会忍受饥饿贫穷，这里表达了作者对剥削阶级不劳而获的愤恨。与这首诗歌异曲同工的还有司马礼的《蚕女》，诗曰：

养蚕先养桑，蚕老人亦衰。苟无园中叶，安得机上丝。妾家非豪门，官赋日相追。鸣梭夜达晓，犹恐不及时。但忧蚕与桑，敢问结发期。东邻女新嫁，照镜弄蛾眉。③

这首诗写出了养蚕少女独特的心理，迫于官府的赋敛，把自

---

① 中国社会科学院文学研究所：《唐诗选 下》，北京出版社，1982，第354页。

② 周振甫：《唐诗宋词元曲全集 全唐诗》第6册，黄山书社，1999，第2226页。

③ 周振甫：《唐诗宋词元曲全集全唐诗》第11册，黄山书社，1999，第4480页。

己的青春耗费在了养蚕上，而这一切又看不到结束的时候。该诗表达了作者对官府剥削的强烈不满。

有的哀叹爱情悲剧。如，李商隐的《无题》，诗曰：

> 相见时难别亦难，东风无力百花残。春蚕到死丝方尽，蜡炬成灰泪始干。晓镜但愁云鬓改，夜吟应觉月光寒。蓬山此去无多路，青鸟殷勤为探看。①

“春蚕到死丝方尽，蜡炬成灰泪始干”一句运用了生动的比喻，借用春蚕到死才停止吐丝，蜡烛烧尽才停止流泪，来比喻男女之间的爱情至死不渝。诗中春蚕用自己的生命谱写了一曲悲壮的千古绝唱，这也是古代咏蚕诗中最具代表性的诗句。

唐代开始，蚕桑业的重心开始南移，养蚕业逐渐发展成为覆盖全国的产业，在农业生产中的地位越来越高，也成为官府税收的重要来源。这一时期，咏蚕的文学作品数量多、内涵丰富，这是蚕文化发展的表现，可以看作是蚕桑业发展的历史见证。

第三节　蝉文化的发展

汉代到隋唐时期，蝉文化有了很大发展，并逐步走向了繁荣。

汉代玉蝉文化非常引人瞩目。玉蝉文化历史悠久，源远流长，从新石器时代的山东大汶口、龙山文化遗址一直到两汉时期的墓葬中都有玉蝉出土。历经各个朝代，一直到现在，玉蝉文化都流行于民间。从出土的这些玉蝉来看，汉代玉蝉主要包括人生前用以装饰的佩蝉、冠蝉和死后用作陪葬品的琀蝉。

① ［唐］李商隐：《李义山诗集》卷上，乾隆四十六年文渊阁四库全书本。

佩蝉和冠蝉属于佩饰。所谓的佩饰是指佩戴在人体各部分的饰物，从不同的佩带位置看，可分发饰（或头饰）、耳饰、项饰、腰饰、臂饰（首饰）、足饰等。作为服饰民俗文化中的重要内容，佩饰是古今中外人们日常生活中不可或缺的装饰物。

古人有佩玉的传统，而玉蝉则是古代玉佩的主要种类之一。古人之所以如此喜欢玉蝉，除了心目中对玉和蝉所代表的文化意义的认可外，还与蝉的形体之美有关。古人认为蝉的形体很美，《诗经·卫风·硕人》这样来形容庄姜之美："手如柔荑，肤如凝脂，领如蝤蛴，齿如瓠犀，螓首蛾眉，巧笑倩兮，美目盼兮。"[①] 这里的螓首，就是喻指女子美丽的前额方广如螓。螓，是蝉的一种，方头广额，身体绿色，形体娇小玲珑，十分惹人怜爱。

琀蝉则是一种丧葬用品。

这三种玉蝉不但形制和用途不同，而且也蕴含着多层次的民俗文化意义。

佩蝉主要是指佩戴在腰间或胸前的装饰品，由于佩戴时要通过绳子穿系挂戴，因而在玉蝉的头顶有象鼻形穿孔。佩戴蝉象征君子高尚之德，古人认为可以辟邪。玉蝉佩在腰间，民俗中认为是发财的象征，因为谐音"腰缠（蝉）万贯"。古人所佩玉蝉的造型，还以一蝉伏卧在树叶上，定名为"金枝（知了中知字的谐音）玉叶"，取其高贵的寓意。也有人将佩蝉挂在胸前，寓意为"一鸣（蝉的鸣叫声）惊人"。

作为佩饰的玉蝉在出土文物中较为常见。如，在山东滕州前掌大遗址出土的汉代墓葬中，考古学家发现了12件玉蝉，其中两件玉蝉"头宽圆润，尾尖分叉，颈部运用双勾挤阳的纹饰突起一道棱线。双菱相套伏于蝉兽，双目凸起炯炯有神，一面坡功法在蝉翅间形成椭圆形道道羽纹，双翅收拢，视若待发。器物上的

① ［汉］郑玄注，［唐］孔颖达疏：《毛诗正义》卷三，中华书局，1980。

通天孔说明了它是佩玉，乃主人生前爱物”①。又如，在山东济阳刘台子西周六号汉墓中，考古学家发现的玉蝉为白色，圆眼，张口，背上有脊线，双翼紧闭，口部一孔。长2.4厘米，宽0.8厘米，高0.9厘米。口部的这个孔，显然是用来穿绳系挂的，应该是佩蝉。②

冠蝉（又名貂蝉）是帽子上的饰件，有通心直穿孔，也有左右各一孔，或腹部象形穿孔，用来缝缀于帽冠中央，以便正冠之用。以蝉作为冠饰在史料中多有记载，《后汉书·朱穆传》曰："自延平以来，浸益贵盛，假貂珰之饰，处常伯之任，天朝政事，一更其手，权倾海内，宠贵无极，子弟亲戚，并荷荣任，故放滥骄溢，莫能禁御。”书中对“珰”注释道：“珰以金的之，当冠前，附以余蝉也。”③

《后汉书·舆服志下》曰：“武冠，一曰武弁大冠，诸武官冠之。侍中，中常侍加黄金珰，附蝉为文，貂尾为饰，谓之‘赵惠文冠’”。④ 可见，蝉是珰的附件。汉应劭《汉官仪》曰：“侍中、左蝉、右貂……”⑤ 说明了侍中之冠上饰有蝉。从出土实物看，这种玉蝉有的从顶部穿孔斜通腹部，有的则在腹部琢出象鼻穿。比如，山东巨野红土山曲汉墓出土的一件双连蝉，腹部中央有三个穿孔。这类玉蝉显然不是用于佩带的，而应为缀存于冠上的饰物。⑥

对于冠蝉的民俗含义，《古今注·舆服第一》云：“貂蝉，胡服也。貂者，取其有文采而不炳焕，外柔易而内刚劲也。蝉，取

① 韩军克：《溯源识真高古玉》，中国书店，2013，第103页。

② 白文源：《古玉研究》，广陵书社，2012，第180页。

③ ［汉］范晔：《后汉书》，李贤等注，中华书局，1965，第1472页。

④ ［汉］范晔：《后汉书》，李贤等注，中华书局，1965，第2506页。

⑤ ［清］严可均：《全后汉文》卷三十四，中华书局，1958影清光绪王毓藻刻本。

⑥ 华义武：《中国玉器收藏鉴赏全集》，吉林出版集团有限责任公司，2008，第177页。

其清虚识变也。在位者有文而不自耀，有武而不示人，清虚自牧，识时而动也。”[①] 佩戴冠蝉意在表明，君子的言行要合乎儒家的思想规范，而在后世则彰显了从政者为官的显赫地位。《汉书·谷永传》云：“戴金貂之饰，执常伯之职者。”[②] 这就失去了冠蝉的本来意义。

琀蝉，无穿，是古代死者口中所含之物，也就是丧葬用品。

汉代以前，玉蝉多为随身佩饰，所以都有穿孔。汉代墓葬中发现的玉蝉则往往没有穿孔，而且多数放在死者的口中或在嘴附近。这说明这些墓葬中的玉蝉属于专门的丧葬用品，也就是琀蝉。我国许多地方都有琀蝉出土。王晓琳《汉代玉蝉文化研究》一文归纳总结了两汉时期玉蝉的分布规律，发现玉蝉的分布主要集中在三个地区：一是陕西关中地区（陕西境内西安、咸阳、渭南等地）；二是山东南部及江淮地区（山东南部、江苏安徽等地）；三是河南中原地区（洛阳、郑州等地）。这些地方出土的汉墓中，都有琀蝉出现。又如，陕西第二针织厂汉墓、徐州狮子山楚王陵、山东莱西董家庄汉墓等，都有大量的琀蝉出土。

丧葬文化中，琀蝉与蝉的以下文化内涵有关。

一是，蝉与先民们的不死信仰有关。先民们很早就注意到了动物的生理活动，尤其是蝉的蜕皮现象。《说文》云：“蜕，蛇蝉所解皮也。”[③]《淮南子·精神训》：“蝉蜕蛇解，游于太清，轻举独往，忽然入冥。”[④] 古人很可能是从蝉春生秋亡、生命反复轮回、生生不息，悟出了生命转生、再生，轮回循环的道理，从而产生了不死信仰。

---

① ［晋］崔豹：《古今注》卷上《舆服第一》，商务印书馆，1922年四部丛刊影宋本。

② ［汉］班固：《汉书》卷八十五《谷永杜邺传第五十五》，商务印书馆，1930年百衲本。

③ ［汉］许慎：《说文解字》卷十三，嘉庆十四年孙衍星平津馆刻本。

④ ［汉］刘安：《淮南子》卷七《精神训》，乾隆五十三年庄氏咸宁官庄逵吉本。

二是，蝉与道教理念有关，反映了人们希望死者能够像蝉一样羽化成仙的愿望。蝉“餐风食露”的特性，使道士们受到了启发。他们认为，人食五谷，身体便会被五谷在消化吸收中所产生的粗重渣滓所拖累，而蝉的饮食习惯令其身体轻盈，这便为其“羽化成仙”奠定了身体基础。于是，在修炼过程中，出现了“辟谷”的修炼方式。辟谷又叫却谷、却粒、绝谷、去谷、断谷。道教认为，人食五谷杂粮，会在肠中积结成粪，产生秽气，阻碍成仙。《庄子·逍遥游》云：“藐姑射之山，有神人居焉。肌肤若冰雪，淖约若处子，不食五谷，吸风饮露，乘云气，御飞龙，而游乎四海之外……。”① 庄子笔下的仙人“不食五谷，吸风饮露”的修炼方式与蝉的生活方式有异曲同工之妙。

三是，蝉与佛教文化有关。汉代，随着佛教的传入，中国人的思维中有了轮回转世的概念。古人认为，逝者阳间生命的终结其实又意味着另一种生命的开始，即此世生命的终结，也是来世新生命形式的开始。人死后的丧葬非常重要，在古人看来，它不仅是一种寄托哀思的形式，还可以在一定程度上帮助逝者完成生命形式的转化。

古人在丧葬中使用琀蝉实则寄托了在世的人们对逝者往生后灵魂可以顺利升天，或者生命早日进入轮回、脱胎换骨、摆脱生前痛苦的祝愿。

汉魏隋唐时期，文学发展达到了空前的繁荣，而那一时期的咏蝉文学也获得了很大发展，成为文苑中一朵璀璨之花。

锺嵘《诗品》序云：“若乃春风春鸟，秋月秋蝉，夏云暑雨，冬月祁寒，斯四候之感诸诗者也。”② 自然界的花草虫鱼，风雨雷电，都能触发人的各类情感。蝉的鸣声与潜藏在蝉身上丰富多彩的“文化原型”，更能激发起文人墨客对蝉的歌咏，文人们把

---

① ［战国］庄周：《南华真经一》内篇《逍遥游第一》，［晋］郭象注，商务印书馆，1922 年四部丛刊景明世德堂刊本。

② ［南北朝］锺嵘：《诗品》序，乾隆四十四年文渊阁四库全书本。

蝉的“文化原型”所蕴含的悲剧基因和自己的人生际遇，甚至社会治乱、家国之思联系起来，通过诗歌尽情地宣泄内心的各种情感。

其一，文人通过咏蝉抒发对个人遭遇的感慨。

蝉在古代被称作“齐女”。晋代崔豹《古今注·问答释义》曰：“牛亨问曰：‘蝉名齐女者何?’答曰：‘齐王后忿而死，尸变为蝉，登庭树嘒唳而鸣。王悔恨。故世名蝉曰齐女也。’”[①] 可见，关于蝉的这个民俗神话，主人公是悲剧人物，死后化身为蝉，通过叫声为其发“不平之鸣”。这一文化原型对后世的文人影响深刻。汉魏隋唐时期，许多知识分子怀才不遇，壮志难酬，往往通过在诗歌中对蝉鸣的描写，抒发自己内心压抑、愤懑而又无可奈何的心情。如，蔡邕《蝉赋》曰：

白露凄其夜降，秋风肃以晨兴。声嘶嗌以沮败，体枯燥以冰凝。虽期运之固然，独潜类乎太阴。要明年之中夏，复长鸣而扬音。[②]

现存最早的咏蝉赋，当属蔡邕的这篇《蝉赋》残篇，这里借蝉表达了他在政治上的失意与痛楚。

又如，曹植的《蝉赋》，赋曰：

隐柔桑之稠叶兮，快啁号以遁暑。苦黄雀之作害兮，患螳螂之劲斧。冀飘翔而远托兮，毒蜘蛛之网罟。欲降身而卑窜兮，惧草虫之袭予。[③]

---

① ［晋］崔豹：《古今注》卷下《问答释义第八》，商务印书馆，1922年四部丛刊影宋本。

② 费振刚、仇仲谦、刘南平校注《全汉赋校注 下》，广东教育出版社，2005，第935页。

③ ［三国魏］曹植：《曹子建集》卷四，商务印书馆，1922年续古逸丛书影宋本。

在自然界中蝉是弱小的，既没有坚硬的外壳，也没有迷惑敌人的保护色，更没有制敌于死命的利器，它战战兢兢，时刻为外敌强虫窥伺。蝉的这种命运，引发了作者对于自己命运无常的无限忧患，这正是曹植生命晚期政治命运和人生遭际的生动写照。

又如，卢思道的《听鸣蝉》，诗曰：

> 轻身蔽树叶，哀鸣抱一枝。流乱罢还续，酸伤合更离。暂听别人心即断，才闻客子泪先垂。故乡已迢忽，空庭正芜没。一夕复一朝，坐见凉秋月。[①]

这里，作者借蝉抒发了对功名富贵虚幻的嗟叹和人生无常的无奈。

又如，贾岛的《病蝉》，诗曰：

> 病蝉飞不得，向我掌中行。折翼犹能薄，酸吟尚极清。露华凝在腹，尘点误侵睛。黄雀并鸢鸟，俱怀害尔情。[②]

作者以病蝉自况，表达了对自己身遭谗毁的抗争以及对不平命运的感喟。

其二，文人通过咏蝉抒发自己对社会治乱的感叹。

在中国传统文化影响下，许多古代文人怀揣深重的忧患意识与社会责任感，每到改朝换代前，由于社会的动乱，悲凉之雾便会笼罩文坛，文人往往托物言志，抒发自己内心的哀叹。因此，这一时期许多的咏蝉诗也弥漫充斥着悲秋之音。钱锺书先生在《管锥编》中指出："凡与秋可相系着之物态人事，莫非'蹙'而成'悲'，纷至沓来，汇合'一涂'，写秋而悲即同

---

① ［明］张溥编《中华传世文选　汉魏六朝百三家集选》，［清］吴汝纶选，吉林人民出版社，1998，第754页。

② ［唐］贾岛：《长江集》卷六，乾隆四十三年文渊阁四库全书本。

气一体。举远行、送别、失职、羁旅者，以人当秋则感其事更深，亦人当其事，而悲秋逾甚。”[①] 如，白居易的《早蝉》，诗曰：

> 六月初七日，江头蝉始鸣。石楠深叶里，薄暮两三声。一催衰鬓色，再动故园情。西风殊未起，秋思先秋生。忆昔在东掖，宫槐花下听。今朝无限思，云树绕湓城。[②]

又如，《闻新蝉赠刘二十八》，诗曰：

> 蝉发一声时，槐花带两枝。只应催我老，兼报使君知。白发生头速，青云入手迟。无过一杯酒，相劝数开眉。[③]

又如，刘禹锡《答白刑部闻新蝉》，诗曰：

> 蝉声未发前，已自感流年。一入凄凉耳，如闻断续弦。晴清依露叶，晚急思霞天。何事秋卿咏，逢时亦悄然。[④]

白居易、刘禹锡都想通过改革而使日薄西山的唐王朝得以中兴，但最终改革还是以失败告终。他们的咏蝉诗表达的是改革者们力挽狂澜而未果，忠心报国而被贬后心中的愤懑之情。再加上漂泊之苦、思乡之情，更让他们的心情沉重，这复杂悲凉的情绪都借秋蝉那声声哀鸣淋漓尽致地传达了出来。

晚唐时期，唐王朝已到了彻底崩溃的边缘，朝政混乱无比，

---

① 钱锺书：《管锥编》第 2 册，中华书局，1979，第 628 页。

② 张春林：《白居易全集》，中国文史出版社，1999，第 94 页。

③ 张春林：《白居易全集》，中国文史出版社，1999，第 522 页。

④ 孙丽：《刘禹锡诗全集》，湖北辞书出版社，2018，第 467 页。

在这样的政局下，许多诗人已彻底绝望，他们尖锐地揭露了社会的种种弊端。如，罗隐的《蝉》，诗曰：

大地工夫一为遗，与君声调偕君绥。风栖露饱今如此，应忘当年滓浊时。[①]

又如，陆龟蒙的《蝉》，诗曰：

只凭风作使，全仰柳为都。一腹清何甚，双翎薄更无。伴貂金换酒，并雀画成图。恐是千年恨，偏令落日呼。[②]

这两首诗借蝉言志，对唐末的社会腐败、官场污浊，官员的丑恶可耻进行了有力的讽刺和批判。

其三，文人通过咏蝉来抒发对高洁品质的赞美。

屈原在《离骚》中所谓“朝饮木兰之坠露兮，夕餐秋菊之落英”[③]，是以“饮露”来象征自己的高洁品质。从古人视角看，蝉之“渴饮朝露”“惟露是餐”也隐喻着追求崇高品质之情怀。受此影响，在汉魏六朝赋作之中，蝉往往被拟人化，成为高洁品质和高尚道德的化身。蝉的一系列生活习性也被赋予了磨砺品质、陶冶情操和追求崇高精神品格的寓意。如，晋温峤的《蝉赋》曰：“饥噏晨风，渴饮朝露。”[④] 梁萧统的《蝉赋》曰：“兹虫清洁，惟露是餐。”[⑤]

又如，陆机的《寒蝉赋》序云：

昔人称鸡有五德，而作者赋焉。至于寒蝉，才齐其

---

① ［唐］罗隐：《罗隐诗集笺注》，李之亮笺注，岳麓书社，2001，第357页。

② 周振甫：《唐诗宋词元曲全集　全唐诗》第12册，黄山书社，1999，第4645页。

③ ［汉］王逸：《楚辞章句》卷一，商务印书馆，1922年四部丛刊本。

④⑤ ［唐］徐坚：《初学记》卷三十《虫部》，乾隆五十一年文渊阁四库全书本。

美，独未之思，而莫斯述。夫头上有緌，则其文也；含气饮露，则其清也；黍稷不食，则其廉也；处不巢居，则其俭也；应候守常，则其信也；加以冠冕，则其容也。君子则其操，可以事君，可以立身，岂非至德之虫哉？且攀木寒鸣，贫士所叹，余昔侨处，切有感焉，兴赋云尔。①

从序可以看出，陆机之赋以蝉拟人，从蝉的生理特征和生活习性，总结出所谓蝉文、清、廉、检、信“五德”，希望人从蝉身上感悟“五德”，学习“五德”则“可以事君，可以立身”。

唐代虞世南的《蝉》、骆宾王的《在狱咏蝉》、李商隐的《蝉》，被称为唐代文坛“咏蝉”诗的三绝。

虞世南的《蝉》，诗曰：

垂緌饮清露，流响出疏桐。居高声自远，非是藉秋风。②

骆宾王的《在狱咏蝉》，诗曰：

西陆蝉声唱，南冠客思深。不堪玄鬓影，来对白头吟。露重飞难进，风多响易沉。无人信高洁，谁为表予心。③

李商隐的《蝉》，诗曰：

本以高难饱，徒劳恨费声。五更疏欲断，一树碧无

① ［晋］陆云：《陆云集》卷一，光绪五年彭懋谦信述堂汉魏百三名家集本。
② ［清］彭定求：《全唐诗》卷三十六，康熙四十五年扬州诗局刻本。
③ ［清］彭定求：《全唐诗》卷七十八，康熙四十五年扬州诗局刻本。

情。薄宦梗犹泛，故园芜已平。烦君最相警，我亦举家清。[1]

沈德潜在《唐诗别裁》中说："咏蝉者每咏其声，此独尊其品格。"[2] 这的确是一语中的。这三首诗通过咏蝉，寓意君子应像蝉一样居高而声远，而不必受制于外界是非的干扰，保持自己高洁的品质。清代施补华在《岘佣说诗》中云："三百篇比兴为多，唐人犹得此意。同一咏蝉，虞世南'居高声自远，非是藉秋风'，是清华人语；骆宾王'露重飞难进，风多响易沉'，是患难人语；李商隐'本以高难饱，徒劳恨费声'，是牢骚人语，比兴不同如此。"[3] 这三首诗都是唐代托咏蝉以寄意的名作，由于作者地位、遭际、气质的不同，虽同样工于比兴寄托，却呈现出殊异的面貌，塑造了富有个性特征的艺术形象。

其四，文人通过咏蝉来寄托自己的长生理想，隐喻对世俗人生的超越。

"对酒当歌，人生几何"，春秋代序，系日无绳。生命是有限的，而人们又往往充满了对长生的渴望，然而这种期望，总会化为黄粱一梦。于是，文学作品中就出现了对人生无奈与伤感的哀叹。然而，在古人看来，蝉却可以通过蜕变的方式而获得永生，于是"蝉蜕"成了古人寄托长生理想的意象。班固《终南山赋》云："彭祖宅以蝉蜕，安期飨以延年。"[4] 这里，就借蝉蜕以表达人们对长生的愿望。张衡《思玄赋》云："欻神化而蝉蜕兮，朋精粹而为徒。"[5] 则表现了人们渴望超越世俗的人生理想。晋左

---

① ［清］彭定求：《全唐诗》卷五百三十九，康熙四十五年扬州诗局刻本。

② 陈伯海：《唐诗汇评》上册，浙江教育出版社，1995，第27页。

③ ［清］施补华：《岘佣说诗》，丁福保辑，1916年清诗话本。

④ 《全上古三秦汉三国六朝文》第2册《后汉》，河北教育出版社，1997，第237页。

⑤ 《全上古三秦汉三国六朝文》第2册《后汉》，河北教育出版社，1997，第507页。

思《吴都赋》云："桂父练形而易色，赤须蝉蜕而附丽。"[①] 韩愈《谢自然诗》云："入门无所见，冠履同蜕蝉。皆云神仙事，灼灼信可传。"[②] 司空曙《新蝉》云："今朝蝉忽鸣，迁客若为情？便觉一年老，能令万感生。"[③] 都抒发了诗人对人生苦短的伤叹之情。

可见，虽为造化所生的微物，蝉却与中华民族的文化生活结下了不解之缘，随着中国传统文化漫长的积淀，蝉文化在汉到隋唐时期结出了丰硕的果实，这一点在这一时期的咏蝉文学中得以体现。

汉代到隋唐时期，蝉文化中民间蝉信仰的内容也愈来愈丰富。

民间信仰是民俗文化的重要内容，而民间信仰与宗教信仰有着千丝万缕的联系。因此，有的学者将民间信仰称为"民俗宗教"[④]。与其他国家相比，中国的民间信仰有着更为复杂的民间文化与心理模式，与宗教信仰的关系更为密切。中国民间蝉信仰的形成和发展与巫教、道教和佛教等多种思想就有着密切的关系。其中，民间蝉信仰与佛教的渊源尤为深刻，这主要表现为以下几个方面：

首先，民间蝉信仰中蝉的名称与佛教的渊源颇深。

佛教认为，"一花一世界，一叶一菩提"，万事万物皆有佛性，皆有佛缘。而蝉就是因其名称与"禅"同音而与佛教结下了不解之缘。进而，民间蝉信仰中有关蝉名称的内容就与佛教产生了密切的联系。

---

① 《全上古三秦汉三国六朝文》第4册《晋》上，河北教育出版社，1997，第772页。

② 周振甫主编《唐诗宋词元曲全集　全唐诗》第7册，黄山书社，1999，第2475页。

③ 周振甫主编《唐诗宋词元曲全集　全唐诗》第5册，黄山书社，1999，第1991页。

④ 任丽新：《汉族社会的民俗宗教刍议》，《民俗研究》2003年第3期。

其一，“蝉”这一称谓与佛教关系紧密。禅，作为佛教用语，“是梵语‘禅那’音译的简称，意思是心绪平和，安静专注，深入思维真理，所以意译为思维修、静虑”①。禅，亦泛指佛教的事物，如禅杖、禅衣、禅房等。“禅”字的偏旁为“单”字，它的繁体写作“單”，而据专家考证，“單”字是“蝉”的本字。周清泉《文字考古》说：“林义光《文源》以‘單’当属蝉之古文，象形，吅象双目，下象腹尾也。……可证：‘蝉’之本字为‘單’。”②

另外，“蝉”与“禅”还是同音的关系。根据训诂学中“以形索义”和“因声求义”的方法来推究，“蝉”和“禅”的渊源的确非同一般。而张和平所说的一段话更是道出了“蝉”与“禅”关系的个中三昧。他言道：

> 以追求“得道”为目标的禅者，正是通过蝉来启迪禅意的。某种意义上我们甚至可以说，蝉就是禅者的精神样本，就是禅者心目中“道”的化身。禅宗之所以叫“禅宗”，正是要通过“蝉”“禅”二字在汉字中的音形关系来引导人们准确体悟禅宗所修之“道”。③

其二，蝉的别名“知了”，正好暗合了修佛之人由“知”到“了”的领悟过程。这样，佛教的基本教义中苦、集、灭、道四圣谛就与民间蝉信仰建立了密切的联系。

中国民间信仰建立在古老的万物有灵思想观念的基础上，认为世间万物都可以修炼成仙。而神仙是能预料或看透万事万物，无所不知、无所不能的生命体。要想成仙，需要知晓人间一切事物的真相，并了却尘世间的一切烦扰，到达自由自在、无牵无挂的逍遥境界。由此，世间万物修炼成仙可以说

---

① 萧振士：《中国佛教文化简明辞典》，世界图书出版公司，2014，第174页。

② 周清泉：《文字考古》，四川人民出版社，2003，第818页。

③ 张和平：《我本清静》，厦门大学出版社，2015，第133-134页。

是一个由“知”到“了”的过程，而这一过程与蝉放声高歌的声音神秘契合，故民间有了以蝉为神仙的想法，并称之为“知了”。这样，“知了”这一名称，就成为民间蝉信仰的重要体现。

苦、集、灭、道四圣谛，是佛教的基本教义。《涅槃经》云：“有漏果者，是则名苦，有漏因者，则名为集；无漏果者，则名为灭，无漏因者，则名为道。”① 这里论述了知苦断集，证灭修道之义，也就是人们看透人生，获得灵魂解脱的根本道路。而这条道路实际上就是一个由“知”到“了”的过程。

佛教所讲的“知”，不是修佛人已有的知识和逻辑，即“真如实相”（这种“知”只是表象，正是修佛者需要放弃的“知”），而是他们所要获得的最高智慧，就是天下一切事理都可以得以印证和解释的大智慧。获得了这种大智慧，修佛人才能看破人类每一个执念中所包含的贪、嗔、痴三毒的困扰，由“知”走向“了”。这里的“了”，是将人间所谓功名利禄，红尘俗性统统地放下，达到彻底无我，从而使修佛人获得最终的觉悟，证得大自在成就，摆脱一切烦恼与痛苦。《心经》云：“行深般若波罗蜜多时，照见五蕴皆空，度一切苦厄。”② 这讲的就是人在修佛的过程中获得了大智慧因而进入了五蕴皆空的无我境界。在这种境界下，人的心灵便能如日月和莲花，超凡脱俗，而又平平淡淡，没有爱憎心、得失心、分别心、取舍心，了却世事尘缘的烦扰，最终完成对苦难和生死轮回的超越，灵魂得以安放到极乐世界，享受到极致的快乐与祥和。

可见，“知了”这一名称在民间蝉信仰中的寓意的确与佛教苦、集、灭、道四圣谛这一基本教义天然契合。正如明代陈继儒的《小窗幽记》所云：“佛只是个了，仙也是个了，圣人了了不

---

① ［北凉］昙元谶译《涅槃经》，林世田等点校，宗教文化出版社，2001，第224页。

② 彭文译注《金刚经·心经》，岳麓书社，2013，第151页。

知了。不知了了是了了，若知了了便不了。”①

因此，无论是“蝉”还是“知了”，民间信仰中蝉的名称与其所包含的思想内容都与佛教渊源深刻，二者相互融合，相辅相成，促进了民间蝉信仰与佛教的共同发展。

其次，民间蝉信仰中的蝉鸣与佛教具有渊源。

在中国民间蝉信仰中，蝉鸣是具有巨大神力的天籁之声，是可以助人成仙的重要法门。考究这种思想的来源，应与道教息息相关。

道教认为，大自然中美妙的乐音，可以促使修道之人放下杂念，让灵魂与自然进行深层交流。一方面，修道之人把自然意象化为自我心灵的内容；另一方面，又把自我的情感寄寓到自然山水之间。修道之人与自然的这种共鸣与交融，可以净化他们的心灵，提升他们的精神境界，有助于他们早日摆脱世俗的困扰，羽化成仙。如，明代姚弘谊在道曲集《鹤月瑶笙》序言中云：

> 梅颠道人放形物外，栖志泉石，方扣至玄于气声，契仙踪于绝响。时捏管吹花，衔杯坐月……及聆道人所为曲，则又心愉神怡，浩浩焉！倘倘焉！盖其为曲也，以溪云林蔼为变态，以野水山桥为景色，以樵斧筌渔为事业，以药物炉鼎、采取交错为要妙，无长安路上嗟叹名利之习……②

在道教神话中，有很多道士因为聆听了大自然至美至妙的天籁之音而悟道飞升成仙。如，道士贺自真，隐居嵩山，潜心修道。一天，天空中飞来仙鹤，美妙的鹤鸣，弥漫天际。贺自真遂因声悟道，乘鹤飞去，羽化为仙。时人有诗云：

> 子晋骞飞古洛川，金桃再熟贺郎仙，三清乐奏嵩丘

---

① ［明］陈继儒：《小窗幽记》，河南科学技术出版社，2013，第20页。

② 《藏外道书》第34册，巴蜀书社，1994，第241页。

下，五色云屯御苑前。朱顶舞翻迎绛节，青鬟歌对驻香輧。谁能白昼相悲泣，太极光荫几万年。[①]

因此，为了修道成仙，许多道士便模仿自然之音，创造出“啸咏”这种道教法术，希望借助这种修炼方式，可以早日成仙。《云笈七签》云：

赵威伯者，东郡人也。少好道，受业于邯郸张先生。挹日月之景，服九云明镜之华得道。……又善啸，声若冲风之击长林、众鸟之群鸣，须臾归云四集，零雨其濛。[②]

葛洪《神仙传》中记载道士刘根“长啸，啸音非常清亮，闻者莫不肃然，众客震竦”[③]。

道人模仿的自然之音中，就包括蝉鸣。在他们心中，蝉吸风而长，饮露而生，因而，悠远清澈的蝉鸣仿佛自天外而来，不沾一丝一毫的人间烟火之气，极富感染力，正是大自然中至美至妙的天籁之声。在模仿蝉鸣的过程中，道士们更容易与自然交融在一起，神清气爽，物我两忘，到达至和极乐的世界，如升仙境。

受道教思想的深刻濡染，蝉鸣成了民间蝉信仰中可以助人成仙的天籁之音。而在佛教中，蝉鸣也有助力修佛之人悟道成佛的神奇功能。

六祖慧能在《坛经》中把自然现象和社会现象总结为三十六对：

外境无情五对：天与地对，日与月对，明与暗对，阴与阳对，水与火对，此是五对也。法相语言十二对：语与法对，有与无对，有色与无色对，有相与无相对，

① 李剑雄：《续仙传全译》，贵州人民出版社，1999，第175页。
② ［宋］张君房：《云笈七签》，华夏出版社，1996，第685页。
③ 周国林：《神仙传全译》，贵州人民出版社，1998，第61页。

有漏与无漏对，色与空对，动与静对，清与浊对，凡与圣对，僧与俗对，老与少对，大与小对，此是十二对也。自性起用十九对：长与短对，邪与正对，痴与慧对，愚与智对，乱与定对，慈与毒对，戒与非对，直与曲对，实与虚对，险与平对，烦恼与菩提对，常与无常对，悲与害对，喜与嗔对，舍与悭对，进与退对，生与灭对，法身与色身对，化身与报身对，此是十九对也。师言："此三十六对法，若解用，即通贯一切经法，出入即离两边。"①

对于上述说法，怡僧法师解释道：

六祖把我们所有的思想境界，对一切事一切行为的一切认识，还有佛法所谈到的所有事相和觉悟的道理，分为三十六对法。"若解用"，明白就会用了，就能贯通一切经法。"出入即离两边"，目的是什么？不让我们执着到境相当中，更不能执着到有相中，也不能执着到空间当中。②

可见，禅宗思维是十分讲对立统一的。这种思维方式在佛经中是一以贯之的，这也是佛教思维大智慧的体现。明白了这个道理，人就能摆脱愚执，而走向彻底的空了。

善慧大士傅翕有偈云："空手把锄头，步行骑水牛，人从桥上过，桥流水不流。"③ 此偈后三句谈的是动与静的关系，运动与静止的关系。动与静是什么关系？在一般人的观念中，动是动，静是静，动与静没有什么关系。但是禅宗不这样看，在禅宗

① 《金刚经·坛经》，延边大学出版社，2002，第226页。

② 怡僧法师：《禅无境界：怡僧法师〈六祖坛经〉讲记》，陕西师范大学出版总社，2013，第291页。

③ ［宋］普济：《五灯会元》卷二十，清《龙藏》本。

眼里，动即静，静即动，二者是对立统一的。

坐禅，是佛教徒修炼的重要方法之一。《增一阿含经》云："常当念在树下空闲之处，坐禅思惟，莫有懈怠，是谓我知教敕。"[1] 坐禅的人需要闭目端坐，凝志静修。坐禅实际上是一个静坐修心的过程。"若能静坐一须臾，胜造河沙七宝塔。宝塔毕竟化为尘，一念静心成正觉。"[2] 静坐可以静心，摒除杂念，使人们脱离尘劳，心身安泰，自性圆明。然而，静坐并非死寂无动，有时，动亦可助静。因为动与静是对立的统一，是相生相克的，静中有动，动能生静。

大千世界中，声音是一种"动"，而这种"动"也是坐禅中引人禅定，生静心而悟道的方式之一。《五灯会元》云："闻声悟道，见色明心。"[3] 这"闻声悟道"，就是听到某种声音而明心见性，顿悟明道。著名的禅教公案"香严击竹"就讲了这个道理。《景德传灯录》载：

> 邓州香严智闲禅师，青州人也。厌俗辞亲，观方慕道，依沩山禅会。祐和尚知其为法器，欲激发智光，一日谓之曰："吾不问汝平生学解，及经卷册子上记得者，汝未出胞胎，未辨东西时，本分事试道一句来！吾要记汝。"师懵然无对，沉吟久之，进数语陈其所解，祐皆不许。师曰："却请和尚为说。"祐曰："吾说得是吾之见解，于汝眼目何有益乎？"师遂归堂，遍检所集诸方语句，无一言可将酬对，乃自叹曰："画饼不可充饥。"于是尽焚之，曰："此生不学佛法也，且作个长行粥饭僧，免役心神。"遂泣辞沩山而去。抵南阳睹忠国师遗

① 宗文点校《原始佛教基本典籍·增一阿含经（上）》，宗教文化出版社，2012，第194页。

② 《乾隆大藏经（第154册）》，传正有限公司乾隆版大藏经刊印处，1997，第423页。

③ ［宋］普济：《五灯会元》卷十五，清《龙藏》本。

迹，遂憩止焉。一日因山中芟除草木，以瓦砾击竹作声，俄失笑间，廓然醒悟。[1]

这击竹之声，犹如空中闪电，一闪而过，恰恰衬托出“观音妙智”之常在。击竹之声划破心性虚空，令智闲顿悟内心之“自家观音”。

在大千世界中，能够让修佛人闻而悟道的声音，有万千种。来自民间蝉信仰中的蝉鸣也在其中。在佛教公案中，有很多高僧把蝉鸣作为引人悟道的天籁之音。如：

有一僧找到保福问：“什么是禅?”保福答道：“秋风到古渡，日落叫不停。”僧对保福说：“师父，我问的不是蝉。”保福问他：“那你问的是哪个禅?”僧答：“是祖师禅。”保福便说道：“南华塔外松荫里，饮露吟风更几时。”[2]

又如，廓庵师远禅师有《十牛图颂》来传布禅道，其一曰：

茫茫拨草去追寻，水阔山遥路更深。力尽神疲无处觅，但闻枫树晚蝉吟。[3]

南朝梁代诗人王籍在《入若邪溪》一诗中道：“蝉噪林逾静，鸟鸣山更幽。”[4] 炎炎夏日，清脆的蝉鸣，往往令凡人心浮气躁，难以安静。可坐禅高僧，却“不取于相，如如不动”[5]。对听惯了尘世各种喧嚣之声的坐禅高僧来说，由于他始终保持着清净心，凡人感觉躁动的蝉鸣，却正是导引他走向空灵禅境的天籁之

① ［宋］道元：《景德传灯录》，海南出版社，2011，第 280 - 281 页。
② 程东、薛冬：《临济宗门禅》，成都出版社，1996，第 126 页。
③ 冯学成：《千首禅诗品析（二）》，南方日报出版社，2014，第 289 页。
④ 余冠英：《汉魏六朝诗选》，人民文学出版社，1958，第 282 页。
⑤ 释觉修《金刚般若波罗蜜经注解》，宗教文化出版社，2014，第 257 页。

音，非但不觉喧嚣，反而助于他内心保持淡泊宁静。

蝉鸣本是自然界中的“动”，而高僧却在“动”中获得了“静”。聆听美妙的蝉鸣之音，可以让他们更从容地禅修。可以说，蝉声的“喧嚣”之动，却正成就了高僧的静。这正是佛教禅宗在对立中求统一，在矛盾中求和谐的大智慧。喧闹的蝉鸣对于高僧来说，正是最好的禅机，让他的内心静下来，闲下来，进入到修禅的最高境界——般若之境，获得如柳田圣山所云“人与宇宙冥合的智慧”①。这种智慧使修佛人的心灵达到明镜般的透彻和宁静状态，从而修心观境，证悟菩提，实现彻底的解脱。

可见，蝉鸣是民间蝉信仰中可以助人成仙的天籁之声，又是使坐禅高僧动中得静，明心见性，顿悟得道的绝好助力。蝉鸣成为民间蝉信仰与佛教交互相通的桥梁，造就了二者之间深厚的渊源。

再次，民间蝉信仰中蝉的蜕变与佛教具有深刻的渊源。

中国的先民们很早就注意到了蝉的蜕皮现象。《说文》云：“蜕，蛇蝉所解皮也。”②《淮南子·精神训》云：“蝉蜕蛇解，游于太清，轻举独往，忽然入冥。”③ 王充《论衡》云：“蝉之未蜕，为復育；已蜕也，去復育之体，更为蝉之形。”④ 于是，古人从蝉脱壳成虫的现象，悟出了生命转生、再生，轮回循环的思想，这种思想是民间蝉信仰的核心要义。而民间葬礼中，用于陪葬的琀蝉和墓葬器皿上蝉纹，就是这种民间蝉信仰的具体表现。

古代王室贵族死后，多要在口中含放玉，称琀，以求得尸体不腐朽。《抱朴子》云：“金玉在九窍，则死人之为不朽。”⑤《本

---

① 吴绍轨、元大非：《慧语大全》，延边大学出版社，1991，第1145页。

② 梁东汉：《新编说文解字》，山西教育出版社，2006，第693页。

③ ［汉］刘安，等：《淮南子》，岳麓书社，2015，第59页。

④ ［汉］王充：《论衡》卷二十《论死篇第六十二》，明嘉靖十四年通津草堂刊本。

⑤ ［晋］葛洪：《抱朴子内篇》，中国中医药出版社，2015，第24页。

草纲目》云："古来发冢，见尸如生者，其身腹内外，无不大有金玉。汉制，王公皆用珠糯玉匣，是使不朽故也。"[①] 而把琀玉做成蝉形，则寄托了人们不仅希望死者肉身不朽，而且灵魂可以顺利升天，早日进入生命轮回的愿望。

民间蝉信仰中蝉蜕变所包含的生命轮回和新生的思想与佛教的生死观有诸多相通之处。

佛教生死观最基本的理论是轮回之说。《圆觉经》云："一切众生，从无始际，由有种种恩爱贪欲，故有轮回。"[②] 佛教认为世界万物都有轮回，没有悟道的生命都要在天、人、阿修罗、地狱、恶鬼、畜生这六道之间进行生死轮回。这种轮回像蝉蜕壳一样，旧壳脱掉，然后以新的身体再延续生命。

既然有轮回，为何人死亡并转世后却没有回来报告？投胎后的人为什么不记得前世？对于这类常见问题，佛陀就曾以蝉的蜕变作例子，对人死后到底有没有轮回的疑惑进行了解答。《佛说见正经》云：

> 时有一比丘，名曰见正。新入法服，其心有疑，独念言："佛说有后世生，至于人死，皆无还相报告者，何以知乎？当以此问佛。"……佛言："譬如蝮育生在土中，无声无翼，得时节气，转化成蝉。飞行着树，鸣声不休。"佛言："诸弟子，宁可还蝉使入土成蝮育乎？"诸弟子言："实不可也，蝮育已变，去阴在阳，身形化异日当死亡。或为众鸟所啖，不得还作蝮育也。"佛言："诸弟子，生死亦如此。命讫身死，识神转徙，更受新身，五阴覆障，见习各异。于彼亦当老死，不得复还，不复识故面相答报也，如蝉在树不可复还作蝮育也。"[③]

---

① ［明］李时珍：《本草纲目》，山西科学技术出版社，2014，第 223 页。

② 赖永海主编《圆觉经》，徐敏译注，中华书局，2010，第 45 页。

③ 《大正新修大藏经》第十七卷《经集部　四》，佛陀教育基金会，1990，第 740 页。

这里，佛陀慈悲巧善地启发引导信众：蝮育一旦蜕变成树上的蝉，就不可能回复到原来的蝮育。同理，人的生死也一样，命终身死，心识迁徙，接受新身，新身为色、受、想、行、识五蕴所覆盖，所闻所见，习惯各所不同，生死更迭，不得永住，所以难以报告各自的因因果果。佛陀巧设譬喻，解除了信众的疑惑，抛弃了邪见，树立了正见与正信。

可见，民间蝉信仰中蝉的蜕变所蕴含的轮回思想，与佛教生死轮回理论是相通相融，息息相关的。

《长阿含经》云："众生可愍，常处合冥，受身危脆，有生有老，有病有死，众苦所集，死此生彼，从彼生此，缘此苦阴，流转无穷。"① 佛教认为，处于六道轮回中的生命是痛苦的，因为在轮回中的每一期，生命都要遭受"生、老、病、死、怨憎会、爱别离、求不得、五阴炽盛"这八苦的困扰，只要不出轮回这种痛苦就是无限的。那么，生命怎样才能超越生死轮回，获得彻底解脱呢？

《涅槃经》云："诸行无常，是生灭法。生灭灭已，寂灭为乐。"② 也就是说，寂灭才能获得人生之至乐。这种寂灭，就是无生，只有无生才能使生命从"八苦"煎熬之中超拔出来。《大宝积经》云："无生者，非先有生，后说无生，本自不生，故名无生。"③ 这种无生，就是涅槃，只有涅槃才可使生命从轮回的痛苦中彻底解脱出来。

许多佛教文献中记载高僧涅槃时，都说他们"蝉蜕而去"。如《续高僧》传记载高僧道幽："幽执香炉正念蝉蜕而去。"④ 可

---

① ［南北朝］佛陀耶舍：《长阿含经》，［南北朝］竺佛念译，华文出版社，2013，第 24 页。

② ［北凉］昙元谶译《涅槃经》，林世田等点校，宗教文化出版社，2001，第 272 页。

③ ［唐］菩提流志编译《大宝积经》，上海佛学书局，2004，第 409 页。

④ 《永乐北藏》整理委员会：《永乐北藏（第一四九册）》，线装书局，2004，第 446 页。

见，民间蝉信仰中，蝉的蜕变新生思想也暗合了佛教涅槃的理论。

民间蝉信仰中，蝉这样高洁的生命却是从粪土中孕育而生的。汉代司马迁《史记·屈原贾生列传》云："濯淖污泥之中，蝉蜕于浊秽，以浮游尘埃之外，不获世之滋垢，嚼然泥而不滓者也。"① 晋代嵇康《游仙诗》云："蝉蜕弃秽累，结友家板桐。"② 明代洪应明《菜根谭》云："粪虫至秽，变为蝉而饮露于秋风；腐草无光，化为萤而耀采于夏月。故知洁常自污出，明每从晦生也。"③

蝉的蜕变是脱去了源自污秽的旧壳，而获得高洁纯粹新生命的过程。这正暗合了修佛人由开悟而涅槃的新生之道。

民间蝉信仰中，蝉通过蜕变而获得新生的过程是非常复杂的。蝉的成虫产卵后不久就会死去，蝉卵经过一个多月的孵化变成初龄若虫，初龄若虫掉落地面，便会寻找松软的地方钻入地下，开始了它们长达3～11年漫长的潜伏生涯。这期间，初龄若虫要经过四次蜕变，才能长成幼虫。幼虫在合适的时机，历经千辛万苦，爬上树干，最终蜕变成为成虫。蝉在暗无天日的地下苦苦等待，多次蜕变，毫无其他杂念，只为一朝破土而出，得见天日。正如法布尔《昆虫记》里所描述的：

> 四年黑暗的苦工，一月日光中的享乐，这就是蝉的生活，我们不应厌恶它歌声中的烦吵浮夸。因为它掘土四年，现在忽然穿起漂亮的衣服，长起与飞鸟可以匹敌的翅膀，在温暖的日光中沐浴着。那种钹的声音能高到足以歌颂它的快乐。如此难得，而又如此短暂。④

---

① ［汉］司马迁：《史记（下）》，吉林大学出版社，2015，第592页。

② 武秀成：《嵇康诗文选译》，巴蜀书社，1991，第29页。

③ ［明］洪应明：《菜根谭》，闫盼印编译，中国纺织出版社，2015，第2页。

④ 〔法〕法布尔：《昆虫记》，李小英编译，世界图书出版公司北京公司，2010，第32页。

民间蝉信仰中，蝉从天入地，几经蜕变的一生，正好生动演绎了修佛人的灵魂像蝉脱壳而去那样，穿透困扰自己的不洁之物“臭皮囊”——被凡尘中种种俗见和障碍所困扰的肉体，而得以涅槃新生，享受彼岸极乐世界的艰苦历程。

综上，民间蝉信仰中蝉的名称、蝉鸣、蝉的蜕变所包含的思想观念与佛教苦、集、灭、道四圣谛，对立统一的思维方式以及生死观念等方面的基本理论有着千丝万缕的联系，二者渊源深厚，相互促进，相辅相成，宗教思想对中国传统民俗文化的丰富和发展有深远影响。

汉代时期，捕蝉游戏进一步流行，出现了最早的明确的形象资料记载。这些资料就是以捕蝉为题材的汉画像石。

1982 年，在江苏邳县的东汉彭城相缪宇墓中，出土了一幅儿童捕蝉的画像石图。画像石上的画作为平面阴线刻制，画像中突出表现了一群正在捕蝉嬉戏的儿童。该画像刻有一棵枝叶茂盛的大树，树下几人，形态各异。其中一人张弓欲射；一人双手举竿伸进树枝间，竿的顶端触着一物；另一人跳跃欢呼；其余三人席地而坐，翘首仰视，一人双腿间置一件竹节纹筒形器，筒口似有拉线，另一人在右端，因石面残缺而不完整。①

这幅作品既有时代性，又富有浓厚的生活气息，是汉代民间生活的形象写照。王充《论衡·自纪篇》中云：“建武三年，充生。为小儿，与侪伦遨戏，不好狎侮。侪伦好掩雀、捕蝉、戏钱、林熙，充独不肯。”② 后有曹植《蝉赋》云：“恐余身之惊骇兮，精曾睆而目连。持柔竿之冉冉兮，运微粘而我缠。欲翻飞而逾滞兮，知性命之长捐。委厥体于膳夫，归炎炭而就燔。”③ 晋代傅咸还有《粘蝉赋》：“有蝉鸣焉。仰而见之，聊命粘取，以弄小儿。退惟当蝉之得意于斯树，不知粘之将至，亦犹人之得意于

① 尤振尧，陈永清，周晓陆：《东汉彭城相缪宇墓》，《文物》1984 年第 8 期。
② ［汉］王充：《论衡》卷三十《自纪篇》，商务印书馆，1922 年四部丛刊本。
③ ［三国魏］曹植：《曹子建集》卷四，商务印书馆，1922 年续古逸丛书影宋本。

富贵，而不虞祸之将来也。”[①] 两篇赋都形象描绘了粘蝉的方法。这也说明，捕蝉这一民间游戏在汉代及后续朝代的确是流行的。

捕获的蝉除了一部分被直接食用、用作药品以外，还被用作蓄养娱乐。古人很早便有蓄蝉之风，形成了养蝉取乐的民俗文化。蝉被蓄养的具体年代还不能确定。《庄子·达生》里记载的那位技艺高超的捕蝉佝偻丈人捉了那么多只蝉，除了食用，把一些装在笼子里作为供儿孙们赏玩的宠物也是完全可能的。

至迟到唐代，蝉已被笼养，养者多为妇女儿童。《说郛》云：“唐世，京城游手夏月采蝉货之，唱曰：‘只卖青林乐!’妇妾小儿争买，以笼悬窗户间。亦有验其声长短为胜负者，谓之‘仙虫社。’”[②] 古代社会民间娱乐方式较少，相对于文人墨客以歌赋歌咏蝉鸣，通过诗词实现精神寄托的高雅方式，老百姓更加追求的是蝉鸣给他们带来的娱乐价值。人们喜欢蝉鸣，不满足于“独乐乐”，而是要“众乐乐”，大家聚在一起，以一定规则下蝉鸣的长短进行比赛，决定胜负。这种游戏是如此的流行而且隆重，以至于人们结成“仙虫社”这样的组织，来进行比赛。“仙虫社”恐怕是古代最早的民间鸣虫组织了。

第四节　治蝗文化的发展

秦汉到隋唐时期，治蝗问题依然是各朝代统治者关注的主要问题之一。这一时期，随着人们认知能力的提高和农业生产水平的进步，人们对蝗虫习性、蝗灾发生规律有了一定的科学认识，在除蝗技术上有了进一步的总结和突破。

这一时期，我国的蝗灾依然频繁。对于此，历史文献中记载颇多：

① ［晋］傅咸：《蝉赋》，光绪五年彭懋谦信述堂汉魏六朝百三名家集本。

② ［元］陶宗仪：《说郛》第九册，中国书店，1986，第 248 页。

《史记》云："（秦）始皇四年十月庚寅，蝗虫从东方来，蔽天。"① 《汉书·五行志》云："武帝元光五年秋螟，六年夏蝗……元鼎五年秋蝗……元封六年秋蝗……太初元年夏蝗……三年秋夏蝗……元始二年秋蝗。"② 又，《王莽传》："（地皇三年）夏蝗，从东方来，蜚蔽天。"③《后汉书补逸》云："永平十五年，蝗，虫起太行，弥衍兖豫。"④《新唐书·五行志》云："贞观二年六月京畿旱蝗……三年五月，徐州蝗。秋，德、戴、廊等州蝗……开元二十五年，贝州蝗。"⑤

蝗灾一来，庄稼尽遭摧残，民不聊生，凄惨无比。

《汉书·平帝纪》云："（元始二年），郡国大旱蝗，青州尤甚，民流亡。"⑥ 《晋书·孝怀帝纪》云："五月，幽、并、司、冀、秦、雍六州大蝗，食草木，牛马毛皆尽。"⑦《新唐书·五行志》载："唐贞观元年，夏，蝗，东自海，西尽河陇，群飞蔽天，旬日不息；所至，草木叶及畜毛靡有孑遗，饿殍枕道。"⑧《新唐书·高宗纪》云："（永淳元年）大蝗，人相食。"⑨

类似的记载在古代历史中可谓不绝于书。频繁发生，危害巨大的蝗灾，对于以农业为本的古代封建王朝是一个巨大的威胁。因此，无论是封建统治者还是普通老百姓都对防蝗、治蝗不遗余力。面对铺天盖地而来的蝗虫，人们首先想到的就是如何消灭它们，于是发明了许多捕杀蝗虫的办法。根据文献记载，汉代的捕

---

① ［汉］司马迁：《史记》卷六，乾隆四年武英殿刻本。

② ［汉］班固：《汉书》卷二十七，乾隆四年武英殿刻本。

③ ［汉］班固：《汉书》卷九十九，乾隆四年武英殿刻本。

④ 顾廷龙：《续修四库全书》540史部，上海古籍出版社，1996，第600页。

⑤ ［宋］宋祁、欧阳修：《新唐书》卷三十六《志第二十六》，乾隆四年武英殿刻本。

⑥ ［汉］班固：《汉书》卷十二，乾隆四年武英殿刻本。

⑦ ［唐］房玄龄：《晋书》卷一《帝纪第五》，乾隆四年武英殿刻本。

⑧ ［宋］宋祁、欧阳修：《新唐书》卷三十六《志第二十六》，乾隆四年武英殿刻本。

⑨ ［宋］宋祁、欧阳修：《新唐书》卷三《本纪第三》，乾隆四年武英殿刻本。

蝗术主要有以下两种：

一是直接捕杀。《汉书·平帝纪》云："遣使者捕蝗，民捕蝗诣吏，以石斗受钱。"① 又，《王莽传》曰："莽发吏民设购赏捕击。"② 这里说的就是官府以悬赏的办法，鼓励老百姓去捕杀蝗虫。山东嘉祥武氏祠的汉代画像石中有一幅"除虫图"，就生动形象地描绘了古人捕杀蝗虫的场景。

二是挖沟掩埋。依靠人力捕捉，只能在一定程度上扑杀蝗虫，无法大规模地消灭蝗虫。东汉王充《论衡》记载了一种大规模捕杀蝗虫的方法："蝗虫时至，或飞或集。所集之地，谷草枯索。吏卒部民，堑道作坎，榜驱内于堑坎，杷蝗积聚以千斛数。"③ 掘沟阻隔，驱蝗入沟，聚而歼之，这种方法能实现集中阻断的功效，尤其是对那些还不会飞的蝗虫，将它们赶到沟里，然后填埋起来，就可以实现大规模捕杀的目标。

如何避免蝗灾的发生，防患于未然，也是古人积极思考的问题。汉代文献中记载了几种预防蝗灾的方法：

一是浸种防蝗。

汉代《氾胜之书》载：

又马骨锉一石，以水三石，煮之三沸；漉去滓，以汁渍附子五枚；三四日，去附子，以汁和蚕矢羊矢各等分，挠令洞洞如稠粥。先种二十日时，以溲种如麦饭状。常天旱燥时溲之，立干；薄布数挠，令易干。明日复溲。天阴雨则勿溲。六七溲而止。辄曝谨藏，勿令复湿。至可种时，以余汁溲而种之。则禾不蝗虫。无马骨，亦可用雪汁，雪汁者，五谷之精也，使稼耐旱。常以冬藏雪汁，器盛埋于地中。治种如此，则收常倍。验

---

① ［汉］班固：《汉书》卷十二，乾隆四年武英殿刻本。

② ［汉］班固：《汉书》卷九十九，乾隆四年武英殿刻本。

③ ［汉］王充：《论衡》卷十五《顺鼓篇第七》，商务印书馆，1922 年四部丛刊本。

美田至十九石，中田十三石，薄田一十石，尹择取减法，神农复加之骨汁粪汁溲种。锉马骨牛羊猪麋鹿骨一斗，以雪汁三斗，煮之三沸。以汁渍附子，率汁一斗，附子五枚，渍之五日，去附子。捣麋鹿羊矢等分，置汁中熟挠和之。候晏温，又溲曝，状如后稷法，皆溲汁干乃止。若无骨，者缲蛹汁和溲。如此则以区种，大旱浇之，其收至亩百石以上，十倍于后稷。此言马蚕皆虫之先也，及附子令稼不蝗虫；骨汁及缲蛹汁皆肥，使稼耐旱，使稼耐旱，终岁不失于获。[①]

根据上述记载，用马骨、蚕粪、羊粪、附子等混合浸种，庄稼不会生蝗虫。

二是适时播种避免蝗虫。

《吕氏春秋》载："得时之麻，必芒以长，疏节而色阳，小本而茎坚，厚枲以均，后熟多荣，日夜分复生。如此者不蝗。"[②]这里的意思是，总结蝗灾发生的时间规律，选择适宜的播种时机，让农作物在蝗灾发生之前就成熟并收割，就可以避开蝗灾。

可见，汉代人在治蝗、防蝗方面进行了许多有益的尝试，也应当在一定程度上减轻了蝗灾的危害。

到了唐代，人们治蝗、防蝗基本上沿用了汉代的方法，在捕蝗术方面有了新的突破。《旧唐书·姚崇传》载：

开元四年，山东蝗虫大起，崇奏曰："《毛诗》云：'秉彼蟊贼，以付炎火。'又汉光武诏曰：'勉顺时政，劝督农桑，去彼蝗蜮，以及蟊贼。'此并除蝗之义也。虫既解畏人，易为驱逐。又苗稼皆有地主，救护必不辞劳。蝗既解飞，夜必赴火，夜中设火，火边掘坑，且焚

① ［汉］班固：《汉书》卷三十，乾隆四年武英殿刻本。

② ［战国］吕不韦：《吕氏春秋》，北方文艺出版社，2018，第418页。

且瘗，除之可尽。时山东百姓皆烧香礼拜，设祭祈恩，眼看食苗，手不敢近。自古有讨除不得者，只是人不用命，但使齐心戮力必是可除。”乃遣御史分道杀蝗。汴州刺史倪若水执奏曰：“蝗是天灾，自宜修德。刘聪时除既不得，为害更深。”仍拒御史，不肯应命。崇大怒，牒报若水曰：“刘聪伪主，德不胜妖；今日圣朝，妖不胜德。古之良守，蝗虫避境，若其修德可免，彼岂无德致然！今坐看食苗，何忍不救，因以饥馑，将何自安？幸勿迟回，自招悔吝。”若水乃行焚瘗之法，获蝗一十四万石，投汴渠流下者不可胜纪。①

这里讲到的方法就是直接捕杀，根据蝗虫会飞，而且具有趋光性和群集性特点，采取“夜中设火，火边掘坑，且焚且瘗”的方法，这些方法是行之有效的，取得了很好的灭蝗效果。

此外，在《旧唐书》和《新唐书》里面都有关于食用蝗虫的记载，讲到人们捕捉到蝗虫后蒸熟，再经过晾晒后，把翅膀和脚去掉，就可以吃了。通过捕食的方式消灭蝗虫，虽然效果有限，但也不失为一个办法。

以上防治蝗灾的办法，虽然能起到一定的效果，但作用还是很有限的。实际上，蝗灾发生时，面对遮天蔽日，风卷残云般的蝗群，捕杀的方法几乎没有什么效用。对此，广大民众无助而又无奈，可谓是束手无策。1933 年，上海《新闻报》上曾刊登了一个求蝗谣：

蝗虫爷！行行好，莫把谷子都吃了。众生苦了大半年，衣未暖身食未饱。光头赤足背太阳，汗下如珠爷应晓，青黄不接禾尽伤，大秋无收如何好？蝗虫爷！行行好，莫把谷子都吃了。蝗虫爷！行行善，莫把庄稼太看

① ［五代］刘昫：《旧唐书》卷九十六，乾隆十二年武英殿刻本。

贱；爷爷飞天降地时，应把众生辛苦念。家家饿肚太难当，尚有差官无情面；杂税苛捐滚滚转，土豪劣绅脚上镣；蝗虫爷！行行善，莫把庄稼太看贱。[①]

这则民谣道出了民众面对蝗灾无望与无助的绝望心情。于是，面对蝗灾而走投无路的农民，也不得不把希望寄托于上天和神佛了。

中国传统文化以儒家思想为主导，而儒家对现世更加关注。梁漱溟说："孔家没有别的，就是要顺着那自然道理，顶活泼顶流畅的去生发。他以为宇宙总是向前生发的，万物欲生，即任其生，不加造作必能与宇宙契合，使全宇宙充满了生意春气。"孔子同时"有一个很重要的态度就是一切不认定，采取'无可无不可'的持中立场。从而防止了对事的极端和顽固。"[②]

因此儒家对彼岸世界的鬼神持谨慎态度，既不肯定也不否定。《论语·雍也》云："樊迟问知，子曰：'务民之义，敬鬼神而远之，可谓知矣。'问仁，曰：'仁者先难而后获，可谓仁矣。'"[③]《论语·述而》云："子不语怪力乱神。"[④]《论语·先进》云："季路问事鬼神。子曰：'未能事人，焉能事鬼？''敢问死。'曰：'未知生，焉知死？'"[⑤]

儒家又主张"神道设教"。《周易·大观卦》之《彖传》云："观天之神道，而四时不忒。圣人以神道设教，而天下服矣。"孔颖达疏："神道者，微妙无方，理不可知，目不可见，不知所以然而然，谓之神道，而四时之节气见矣。岂见天之所为，不知从何而来邪？盖四时流行，不见差忒，故云'观天之神道而四时不

① 浙江昆虫局：《昆虫与植病》，浙江昆虫局，1933，第757页。

② 梁漱溟：《东西文化及其哲学》，商务印书馆，2003，第213－215页。

③ ［三国魏］何晏：《论语注疏》卷六《雍也第六》，邢昺疏，中华书局，1980。

④ ［三国魏］何晏：《论语注疏》卷七《述而第七》，邢昺疏，中华书局，1980。

⑤ ［三国魏］何晏：《论语注疏》卷十一《先进第十一》，邢昺疏，中华书局，1980。

忒’也。‘圣人以神道设教，而天下服矣’者，此明圣人用此天之神道，以‘观’设教而天下服矣。天既不言而行，不为而成，圣人法则天之神道，本身自行善，垂化于人，不假言语教戒，不须威刑恐逼，在下自然观化服从，故云‘天下服矣’”。[①]

从孔颖达的解释可以看出，神道的微妙无方的确可以震慑天下的民众，从而利于统治者对他们实行精神上的驾驭，达到维护自身统治的目的。因而历代统治者都对神道设教很感兴趣，希望通过意识形态中的神道设教来教化无知的民众。为了适应统治者的这种需要，作为中国传统思想主体的儒家思想也对此极为重视，并逐步建立起一套具有自身特色的神道设教思想。[②]

在以农耕经济为社会基础的古代社会中，各种自然灾害对国家的影响不仅仅体现在经济方面的重大损失上，还有更为致命的，就是灾害给民众心灵带来的伤害。如果不加以引导，民众对灾害的恐惧与绝望很容易转化成对政府的不满与愤恨，如果有人借机利用民众这种心理推波助澜，很容易激发他们的反抗情绪，造成他们揭竿而起，发动起义。我国历史上很多次的农民起义，就是在这种背景下发生的。

为了消除百姓在大灾面前的不安和紧张情绪，利用神道设教是一个很好的办法。于是，汉代文人提出了天人感应的天谴论。《春秋繁露》卷八云：

> 其大略之类，天地之物，有不常之变者，谓之异；小者谓之灾。灾常先至而异乃随之。灾者，天之谴也；异者，天之威也。谴之而不知，乃畏之以威。《诗》曰："畏天之威"，殆此谓也。凡灾异之本，尽生于国家之

① ［三国魏］王弼：《周易正义：上经随传》卷三，［唐］孔颖达疏，中华书局，1980。

② 刘铭：《儒家“神道设教”思想对歧路灯的影响》，《焦作大学学报》2011年第4期。

失。国家之失，乃始萌芽，而天出灾害以谴告之。谴告之而不知变，乃见怪异以惊骇之。惊骇之尚不知畏恐，其殃咎乃至。以此见天意之仁而不欲陷人也。[1]

这种天谴论，把一切自然灾害都归之于上天的“遣告”，认为天灾发生的根源是人间的“失德”行为。因此，蝗灾归根结底也是人祸，需要从人自身去寻找原因。从这种观念出发，汉代对于蝗灾的成因存在着以下几种认识：

一是统治者的贪婪残酷会导致蝗灾。

《后汉书·蔡邕列传》云：

夫权不在上，则雹伤物；政有苛暴，则虎狼食人；贪利伤民，则蝗虫损稼。[2]

《后汉书·五行志》注引：

《京房占》曰：“天生万物百谷，以给民用，天地之性，人为贵。今蝗虫四起，此为国多邪人，朝无忠臣，虫与民争食，居位食禄如虫矣。不救，致兵起，其救也，举有道置于位，命诸侯试明经，此消灾也。”[3]

《论衡·商虫》云：

变复之家谓虫食谷者，部吏所致也。贪则侵渔，故虫食谷。身黑头赤，则谓武官；头黑身赤，则谓文官。使加罚於虫所象类之吏，则虫灭息不复见矣。夫头赤则谓武吏，头黑则谓文吏所致也。[4]

① ［汉］董仲舒：《春秋繁露》全三册，中华书局，1975，第318页。

② ［南朝宋］范晔：《后汉书》卷六十下，乾隆四年武英殿刻本。

③ ［南朝宋］范晔：《后汉书》卷一百五，乾隆四年武英殿刻本。

④ ［汉］王充：《论衡》卷十六，商务印书馆，1922年四部丛刊本。

这里蔡邕、京房和王充都认为是官员的贪婪残暴损害了百姓的利益，使得上天震怒，才导致天降蝗灾。王充甚至还根据蝗虫的体色，区分出贪官的文武身份，更让人觉得煞有介事。

蝗灾的产生不但与当朝为官者的贪酷有关，而且与封建统治者的昏庸失德也脱不了干系。

《后汉书·五行志》云：

> 光和元年诏策问曰："连年蝗虫至冬踊，其咎焉在?"蔡邕对曰："臣闻《易传》曰：'大作不时，天降灾，厥咎蝗虫来。'《河图秘征篇》曰：'帝贪则政暴而吏酷，酷则诛深必杀，主蝗虫。'蝗虫，贪苛之所致也。"是时，百官迁徙，皆私上礼西园以为府。①

《后汉书·五行志注引》：

> 京房占曰：人君无施泽惠利于下，则致旱也，不救必蝗虫害谷。②

正是包括皇帝在内的整个封建统治阶级的残酷贪婪，引起了上天的愤怒，才导致了蝗灾。

二是战争导致蝗灾。

《汉书·五行志七》云：

> "元鼎五年秋，蝗。是岁，四将军征南越及西南夷，开十余郡。"又，"元封六年秋，蝗，先是，两将军征朝鲜，开三郡。……元年，贰师将军征大宛，天下奉其役连年。"又，"顺帝永建五年，郡国十二蝗。是时鲜卑寇

---

①② ［南朝宋］范晔：《后汉书》卷一百五《志第十五·五行三》，乾隆四年武英殿刻本。

朔方，用众征之。”[①]

《后汉书》云：

安帝永初四年夏，蝗。是时西羌寇乱，军众征距，连十余年。[②]

古人认为，战争不仅导致大量无辜的群众失去了生命，而且，以筹措军饷为目标的横征暴敛加重了人民的负担，给社会带来巨大的灾难，必然使得有好生之德的上天产生不满，从而降下蝗灾，以示对人间失德行为的惩罚。

既然蝗灾是由于封建统治阶级的贪婪残酷和战争等原因引起，要想避免蝗灾，自然统治阶级要对百姓行“仁德之政”。由于官员的仁政而使“蝗不过境”，历史文献上多有记载。甚至由于官员多行仁政，非但蝗灾不生，甚至还招来了凤凰。《汉书·酷吏列传》云：

时黄霸在颍川以宽恕为治，郡中亦平，娄蒙丰年，凤凰下，上贤焉，下诏称扬其行，加金爵之赏。[③]

天谴论和仁政避蝗观念的深入人心，可以让民众在大灾面前，自发自觉地调节紧张不安的心理，在一定程度上有利于把民众的思想由大灾来临的无序状态调整到有序状态。许多封建统治者也深谙此理，在蝗灾来临时采取“罪己”的方法，以慰民心。

唐太宗贞观二年（628），旱、蝗并至，太宗下诏曰：“若使

---

① ［汉］班固：《汉书》卷二十七，乾隆四年武英殿刻本。

② ［南朝宋］范晔：《后汉书》卷一百五《志第十五·五行三》，乾隆四年武英殿刻本。

③ ［汉］班固：《汉书》卷九十，乾隆四年武英殿刻本。

年谷丰稔，天下乂安，移灾朕身，以存万国，是所愿也，甘心无吝。”①

唐太宗为了百姓有饭吃，宁愿上天把一切灾难都降于他一人。这种态度，会在很大程度上减轻百姓对自然灾害的恐惧，避免社会动荡的发生。

中国传统的治蝗，先是从民间自发除治，逐步发展到政府领导，经历了由零散除治到规模除蝗的变迁，在管理上形成了一套严密的纵向集中决策机制。

汉代时，我国就已经产生了初步的治蝗法规。《汉书·平帝纪》记公元二年大旱：“遣使者捕蝗。民捕蝗诣吏，以石斗受钱。”② 这里记载了政府为发动群众悬赏捕蝗的最早事例。一般来说，这种情况下，应当有政府制定的以钱米收购蝗虫的详细规定，而这里没有列出。《后汉书·安帝本纪》云：“（永初八年）八月丙寅，京师大蝗，蝗虫飞洛阳。诏郡国被蝗伤稼十五以上，勿收今年田租。”③ 这里，对受灾情况与补救措施的规定还是明确的，可以看作是一种捕蝗法规。

不过，总体上看，在我国治蝗史上，宋代以前“灾异谴告说”甚为流行，民众囿于畏蝗思想，一般不敢随意捕扑，政府亦没有颁布明确的捕蝗法规。

第五节　蝴蝶文化的发展

相较于先秦，汉代到隋唐时期，更多的文人雅士们钟情于蝴蝶，喜欢在作品中，把蝴蝶作为文学意象。

两汉时期以蝴蝶为意象的文学作品还不算多，乐府诗的《蝴蝶行》是其中有代表性的作品。《蝴蝶行》云：

---

① ［汉］司马光：《资治通鉴》卷一百九十二，世界书局，1936年鄱阳胡氏本。
② ［汉］班固：《汉书》卷十二，乾隆四年武英殿刻本。
③ ［南朝宋］范晔：《后汉书》卷五《孝安帝纪第五》，乾隆四年武英殿刻本。

> 蛱蝶之遨游东园，奈何卒逢三月养子燕，接我苜蓿间。持之，我入紫深宫中，行缠之，傅欂栌间。雀来燕，燕子见啣哺来，摇头鼓翼，何轩奴轩。①

此诗大意是写一只翩翩飞翔的蝴蝶，被母燕擒回巢中哺育幼雏的经历。诗歌从蛱蝶视角看燕子的行动，用蛱蝶口吻叙说经过，写得极为生动有趣。诗歌以蝴蝶和燕子喻人，但具体的寓意，颇难解读。

魏晋时期，咏蝶的作品逐渐增多，蝴蝶意象文化内涵更加丰富，寄寓了作者愈加复杂的心灵感受。

如，张协《杂诗之八》云：

> 述职投边城，羁束戎旅间。下车如昨日，望舒四五圆。借问此何时？胡蝶飞南园。流波恋旧浦，行云思故山。闽越衣文蛇，胡马愿度燕。风土安所习，由来有固然。②

诗歌中，蝴蝶飞南园的描写，巧妙地传达了作者羁旅思乡之情。

南北朝到隋唐时期，咏蝶诗歌大量涌现。这些诗歌，大体表达以下主题：

一是表达作者对高洁品德和美好人生的追求。

如，南朝宋诗人刘孝绰《咏素蝶》云：

> 随蜂绕绿蕙，避雀隐青薇。映日忽争起，因风乍共归。出没花中见，参差叶际飞。芳华幸勿谢，嘉树欲相依。③

---

① ［宋］郭茂倩：《乐府诗集　下》，上海古籍出版社，2016，第767页。
② 姜书阁、姜逸波：《汉魏六朝诗三百首》，岳麓书社，1992，第198页。
③ 刘文忠、刘元煌选注《汉魏六朝诗选》，太白文艺出版社，2004，第293页。

这首诗描写了素蝶随风悠游，遇雀躲藏，随着日光腾起，顺着风势返回，在花丛中时出时没，于树叶间上下翻飞的画面。诗人借物喻人，托物言志，以素蝶的清高闲适喻指自己品行的高洁。而对素蝶活动的描写，也表现了诗人在现实生活中的悲欢沉浮，突出了作者对美好事物的依恋和向往。

二是表达人生的苦闷、迷茫、失落与感伤。

庄周梦蝶这一经典意象由于其包含的丰满的文化内涵，引发后人不断地在自己的诗歌中化用，表达自己的思想观念。如，南朝梁萧纲《十空诗六首·如梦》云：

> 秘驾良难辩，司梦并成虚。未验周为蝶，安知人作鱼。空闻延寿赋，徒劳岐伯书。潜令六识扰，安能二惑除。当须耳应满，然后会真如。①

在诗中，深受佛教影响的诗人以庄周梦蝶的虚幻来阐释佛家万物皆空的思想。

又如，南北朝庾信《拟咏怀诗二十七首》其一十八云：

> 寻思万户侯，中夜忽然愁。琴声遍屋里，书卷满床头。虽言梦蝴蝶，定自非庄周。残月如初月，新秋似旧秋。露泣连珠下，萤飘碎火流。乐天乃知命，何时能不忧。②

诗中表达了自己虽已经过庄周梦蝶一般的人生变故，但却不如庄子那样达观，抒发了自己感伤时变，魂牵故国的凄怨之情，含蓄而又细腻地展示了诗人的内心苦闷，表现手法极为别致。

又如，李白《古风·庄周梦胡蝶》云：

---

① ［南朝梁］萧纲：《梁简文帝集》卷三，光绪五年彭懋谦信述堂汉魏百三名家集本。

② 邬国平：《汉魏六朝诗选》，上海古籍出版社，2005，第671页。

庄周梦胡蝶，胡蝶为庄周。一体更变易，万事良悠悠。乃知蓬莱水，复作清浅流。青门种瓜人，旧日东陵侯。富贵故如此，营营何所求。[①]

这里，诗歌借用“庄周梦蝶”的典故，表达了作者对人生虚幻无常的感慨。而作者能够淡化对政治的追求，即便在政治灾祸来临前夕，依然保持着的平和心境，也通过此诗得到了呈现。

这类诗句中，最家喻户晓的当是唐代诗人李商隐《无题》中“庄周晓梦迷蝴蝶，望帝春心托杜鹃”[②] 这两句了。“晓梦蝴蝶”，一经李商隐化用，已经超越了其哲学的内涵，包含了作者心中朦胧隐约，美好而又虚幻的人生理想抑或梦境。

三是表达爱情之美。

在大自然中，蝴蝶往往结对出现，雌雄蝴蝶在花丛中、田野里，徐徐飞舞，追逐嬉戏，真可谓是“情意缠绵”。《礼记·乐记》云：“人心之动，物使之然也。”[③] 锺嵘《诗品》序云：“气之动物，物之感人，故摇荡性情，形诸舞咏。”[④] 面对蝴蝶缠绵缱绻的美景，怎能不令人感慨万千。特别是古代那些受封建礼教桎梏而无法自由恋爱或者囿于等级，有爱有情却不能白头偕老的青年们，更是对此浮想联翩，艳羡无比，空自伤怀。而善于联想的文人更是深受启发，便“为情而造文”[⑤]，将之作为艺术创作的素材而大加弘扬，渐渐地，蝴蝶演变成了民间自由爱情悲与喜的千古象征。如，南朝梁简文帝《咏蛱蝶》云：

---

① ［清］彭定求：《全唐诗》卷一百六十一，康熙四十五年扬州诗局刻本。

② ［唐］李商隐：《李义山诗集：卷上》，乾隆四十六年文渊阁四库全书本。

③ ［汉］郑玄注，［唐］孔颖达疏：《礼记正义》卷三十七《乐记第十九》，中华书局，1980。

④ ［南朝梁］锺嵘：《诗品》序，乾隆四十四年文渊阁四库全书本。

⑤ ［南朝梁］刘勰：《文心雕龙·情采第三十一》，万历三十七年梅庆生刻本。

空园暮烟起，逍遥独未归。翠鬣藏高柳，红莲拂水衣。复此从风蝶，双双花上飞。寄与相知者，同心终莫违。①

此诗是现存最早的表现爱情的蝴蝶诗，诗人借蝶言情，由蝴蝶成双，反衬女子与情郎分离之苦，希望有情人永结同心。

又如，南朝梁王僧孺《春闺有怨诗》云：

愁来不理鬓，春至更攒眉。悲看蛱蝶粉，泣望蜘蛛丝。月映寒蛩褥，风吹翡翠帷。飞鳞难托意，驶翼不衔辞。②

这里的蝴蝶意象很好地烘托了女子思念远方情人的悲凉心情。

这类主题的诗歌还有，李商隐《咏青陵台》，诗曰："青陵台畔日光斜，万古贞魂绮莫霞，莫讶韩凭为蛱蝶，等闲飞上别枝花。"③ 另，《蝶》四首其一，诗曰："孤蝶小徘徊，翩翾粉翅开。并应伤皎洁，频近雪中来。"④ 鱼玄机《江行》，诗曰："大江横抱武昌斜，鹦鹉洲前万户家。画舸春眠朝未足，梦为蝴蝶也寻花。"⑤ 李白《长干行》有云："八月蝴蝶来，双飞西园草。感此伤妾心，坐愁红颜老。"⑥ 五代后蜀张泌《蝴蝶儿》云："蝴蝶儿，晚春时。阿娇初著淡黄衣，倚窗学画伊。还似花间见，双双对对飞。无端和泪湿胭脂，惹教双翅垂。"⑦

---

① ［南朝梁］萧纲：《梁简文帝集》卷三，光绪五年彭懋谦信述堂汉魏百三名家集本。

② ［南北朝］徐陵：《玉台新咏》，上海古籍出版社，2013，第 245 页。

③ ［唐］李商隐：《李义山诗集》卷上，乾隆四十六年文渊阁四库全书本。

④ ［唐］李商隐：《李义山诗集》卷中，乾隆四十六年文渊阁四库全书本。

⑤ ［清］彭定求：《全唐诗》卷八百零四，康熙四十五年扬州诗局刻本。

⑥ ［清］彭定求：《全唐诗》卷二十六，康熙四十五年扬州诗局刻本。

⑦ ［清］彭定求：《全唐诗》卷八百九十八，康熙四十五年扬州诗局刻本。

在这些以咏蝶为题材，借蝴蝶意象歌咏爱情的文学作品中，作家从蝴蝶双飞的景象出发，发挥自己的奇思妙想，将蝴蝶意象化为爱情的象征。有向往和追求自由爱情的幸福与陶醉；有青年男女思春怀情的羞涩与忧愁；也有与情人分离前的缠绵悱恻，别离后的伤感与忧伤。千百年来，引发了无数人的情感共鸣。

“世总为情”[①]“问世间、情为何物，直教生死相许?”[②] 作为爱情悲喜剧象征的蝴蝶不仅是文学作品中永恒的表现主题，而且还是民间传说中常见的题材，在这些民间神话传说中最为引人注目的当属“化蝶”的故事。

关于化蝶，《庄子》中“庄周化蝶”故事是最早出现的。但这个故事是古人阐释人生哲理的寓言，没有关于爱情的问题。大概是由于受到了庄子的启发，以及后代文人墨客诗词歌赋的影响，再加上大自然中蝴蝶双宿双飞的自然活动，民间出现了各种题材的化蝶故事。如，晋代干宝《搜神记》云：

> 大夫韩凭，娶妻美，宋康王夺之，凭怒王，自杀，妻阴腐其衣，与王登台，自投台下，左右揽之，着手化为蝶。[③]

又如，宋代周密《癸辛杂识》亦载人化蝶一事：

> 杨昊妻江氏，少艾，连岁得子，昊出外竟客死。死之明日，有蝴蝶大如掌，徘徊江氏之傍，竟日乃去。及闻讣聚哭，蝶复来绕江氏。李商作诗吊之曰：“碧梧翠

① 中华书局上海编辑所：《汤显祖集（1—4 册）》，徐朔方笺校，中华书局，1962，第 1050 页。

② ［金］元好问：《遗山乐府校注》，赵永源校注，凤凰出版社，2006，第 48 页。

③ ［晋］干宝：《搜神记全译》，黄涤明译注，贵州人民出版社，2008，第 432 页。

> 竹名家儿，今作翩翩蝴蝶飞。山川阻深罗网密，君从何处化飞归。”又李铎知凤翔，既卒，有蝴蝶万数，自殡所以至府宇，蔽映无下足处。府官吊奠，挥之不去，践踏成泥，大者如扇，踰月方散。又杨大芳娶谢氏，谢亡未殓。有扇大一蝶，色紫褐。翩翩自帐中出，徘徊飞集，终日而去。周公谨有诗云：“帐中蝶化真成梦，镜里鸾孤枉断肠。吹彻玉箫人不见，世间难觅返魂香。又宋高宗绍兴中，有班直官崔羽，弃职游罗浮学道，一日坐化，众焚于紫霞亭，烈焰中有蝴蝶径尺，腾空而去。”①

在我国的云南有蝴蝶泉的传说，也是一个著名的“化蝶”故事。

> 说过去在云弄峰下，有一个青年霞郎射中一头小鹿，小鹿逃到水潭边被雯姑救了，霞郎有幸看到这一切，深受感动并帮小鹿治伤。这个行为赢得了雯姑爱情，俩人一高兴，就在泉边对山歌互表衷肠。故事到这里有了转折。因为雯姑的美貌远近闻名，一个叫虞王的地方头面人物要纳雯姑为妾，雯姑不愿意，虞王就来抢亲，打了雯姑的父亲，抢走了雯姑。小鹿向霞郎报告了情况，霞郎用计救出了雯姑，虞王派卫队追杀，他俩走投无路，只好跳入泉中，小鹿也随之跳下，这时，神灵出现，电闪雷鸣，暴雨倾盆，虞王的卫队有的被雷劈死，有的被冰雹砸死。天晴了，泉中飞出了三只蝴蝶，一对大蝴蝶加一只小蝴蝶，分别代表霞郎、雯姑以及小鹿。这个水潭就是现在的蝴蝶泉。②

---

① 钱泳、黄汉、尹元炜、牛应之：《笔记小说大观（第15册）》，江苏广陵古籍刻印社，1983，第410页。

② 张家荣：《人文云南》，广东旅游出版社，2011，第81页。

这类故事中最为感人、最为有名当属梁山伯与祝英台的传说。这一故事可谓喻户晓，妇孺皆知，与《孟姜女哭长城》《牛郎织女》《白蛇传》一起，被誉为“中国四大民间传说故事”。

梁祝化蝶的故事在中国民间广泛流传，历史也很悠久。但这一传说在起源的时候并没有化蝶的情节，只有人物内容。而关于梁祝传说起源的时间和地点，从20世纪20年代起就有很多的专家学者进行了探讨，也取得了很多有价值的结论，但并未取得广泛的共识。

对于梁祝传说起源的时间，主要有两种观点。

一种是东晋说。

近代小说家蒋瑞藻最早提出东晋说，其根据是宋人李茂诚的《义忠王庙记》，文曰：

> 神讳处仁，字山伯，姓梁氏，会稽人也。神母梦日贯怀，孕十二月，时东晋，穆帝永和壬子三月一日，分瑞而生。幼聪慧有奇，长就学，笃好坟典。尝从名师，过钱塘，道逢一子，容止端伟，负笈担簦渡航，相与坐而问曰：“子为谁?”曰：“姓祝，名贞，字信斋。”曰：“奚自?”曰：“上虞之乡。”曰：“奚适?”曰：“师氏在迩。”从容与之讨论旨奥，怡然自得。神乃曰：“家山相连，予不敏，攀鳞附翼，望不为异。”于是乐然同往。肄业三年，祝思亲而先返。后二年，山伯亦归省。之上虞，访信斋，举无识者。一叟笑曰：“我知之矣。善属文，其祝氏九娘英台乎?”踵门引见，诗酒而别。山伯怅然，始知其为女子也。退而慕其清白，告父母求姻，奈何已许鄮城廊头马氏，弗克。神喟然叹曰：“生当封侯，死当庙食，区区何足论也。”后简文帝举贤，郡以神应召，诏为鄮令。婴疾弗瘳，嘱侍人曰：“鄮西清道源九陇墟为葬之地也。”瞑目而殂。宁康癸酉八月十六

日辰时也。郡人不日为之茔焉。又明年乙亥暮春丙子，祝适马氏，乘流西来，波涛勃兴，舟航萦迴莫进。骇问篙师。指曰："无他，乃山伯梁令之新冢，得非怪欤?"英台遂临冢奠，哀恸，地裂而埋葬焉。从者惊引其裾，风烈若云飞，至董溪西屿而坠之。马氏言官开椁，巨蛇护冢，不果。郡以事异闻于朝，丞相谢安奏请封义妇冢，勒石江左。至安帝丁酉秋，孙恩寇会稽，及鄮，妖党弃碑于江。太尉刘裕讨之，神乃梦裕以助，夜果烽燧荧煌，兵甲隐见，贼遁入海。裕嘉奏闻，帝以神助显雄，褒封"义忠神圣王"，令有司立庙焉。越有梁王祠，西屿有前后二黄裙会稽庙。民间凡旱涝疫疠，商旅不测，祷之辄应。宋大观元年季春，诏集《九域图志》及《十道四蕃志》，事实可考。夫记者，纪也，以纪其传不朽云尔。为之词曰："生同师道，人正其伦。死同窀穸，天合其姻。神功于国，膏泽于民。谥文谥忠，以祀以禋，名辉不朽，日新又新。"①

据此记载，蒋氏认为从东晋开始就已经有了梁祝的传说。②

钱南扬也认为梁祝故事起源于东晋。他依据的是明人徐树丕《识小录》卷三，文曰：

梁山伯祝英台皆东晋人，梁家会稽，祝家上虞，同学于杭者三年，情好甚密。祝先归，梁后过上虞寻访，始知为女子。归告父母，欲娶之，而祝已许马氏子矣。梁怅然不乐，誓不复娶。后三年，梁为鄞令，病死，遗言葬清道山下。又明年，祝为父所逼，适马氏，累欲求死。会过梁葬处，风波大作，舟不能进。祝乃造梁冢，失声哀恸，冢忽裂，祝投而死焉，冢复自合。马氏闻其

① 俞福海：《宁波市志外编》，中华书局，1988，第824页。

② 蒋瑞藻：《小说考证》，商务印书馆，1935，第245页。

事于朝，太傅谢安请赠为义妇。和帝时，梁复显灵异助战伐，有司立庙于鄞县。庙前橘二株相抱，有花蝴蝶，橘蠹所化也，妇孺以梁称之。按梁祝事异矣，《金楼子》及《会稽异闻》皆载之。夫女为男饰，乖矣。然始能不乱，终能不变，精神之极，至于神异。宇宙间何所不有，未可以为证。

钱氏考证说：

《会稽异闻》不知何代之书，遍找书目不可得，姑置勿论。《金楼子》乃梁元帝所作，却是很普通的书，那书上已经载着这个故事，岂不是发生很早了吗！然而事实却令人失望，我曾经翻了几种版本不同的《金楼子》，对于这个故事的记载都一字没有。然则徐氏之言究竟可靠呢？还是不可靠呢？要是他有意托古，或者误记书名，这话是不可靠的，那就无话可说了。不过就情理而论，实在没有托古的必要。说是误记罢，然而我们知道今本《金楼子》是从《永乐大典》中辑录出来的不完全的本子。《四库全书总目》卷一百十七，谓《金楼子》在明初渐已湮晦，明季遂竟散亡。如何能够断定一定不是《金楼子》原文的散佚，而是徐氏的误记呢？因此我们虽不敢信徐氏之言是十二分的可靠，然也无法证明他是不可靠。现在在未发现徐氏之言不可靠的证据以前，只好当他是可靠的了。那么，这个故事发生于梁元帝之前了。这个故事托始于晋末，约在西历四百年光景，当然，故事的起源无论如何不会在西历四百年之前的。至梁元帝采入《金楼子》，中间相距约一百五十年。所以这个故事的发生，就在这一百五十年中间了。[①]

---

① 钱南扬：《汉上宧文存·梁祝戏剧辑存》，中华书局，2009，第254页。

对于东晋说，疑点颇多，钱南扬自己也说是“臆测”。何其芳就不同意这种说法。他说：

> 梁山伯祝英台的故事在汉族中的确是很早就流传的。徐树丕《识小录》卷三说，南北朝的梁元帝萧绎所著《金楼子》中就载有这个故事。但查现在还存在的从《永乐大典》辑录出来的《金楼子》残本，不见有这样的记载，徐树丕的话就无法证实。徐树丕是明末清初的人，他当时见到的《金楼子》是全书还是根据别的书的转引，甚至他的话是否可靠，我们都无法断定。我们如果谨慎一些，是不能根据他这句话来推断梁祝故事的流行的朝代的。现存的较早而又可靠的根据是南宋张津等人撰的《乾道四明图经》卷二和元代袁桷等人所撰的《四明志》卷七都提到的唐代《十道四蕃志》中关于梁祝故事的记载。根据这个记载，断定梁祝故事在唐初已经在汉族某些地区流行，是无可怀疑的。也有记载说梁山伯生于晋穆帝时（见蒋瑞藻《小说枝谈》所录《餐樱庑广漫笔》中所引的宋人作的梁山伯庙记），但这当是传说，不一定可靠。而且传说里面说什么人物是什么时候的人，和这个传说产生在什么时候，也是两回事情。①

何其芳认为梁祝故事发生在东晋的说法不能成立，是有道理的。除了其罗列的理由外，还有《金楼子》不载梁祝事的旁证。宋初编《太平广记》收入了《金楼子》，但其中并无梁祝之事。此外，唐宋人所编辑的多部类书也没有相关记载，元代陶宗仪《说郛》丛书，内容庞杂，收书达 617 种，也未征引此事。可见徐树丕之说不可靠。

---

① 何其芳：《何其芳文集（第六卷）》，人民文学出版社，1984，第 274 - 275 页。

由此，何其芳提出了梁祝故事起源于唐代的观点，并认为这一故事在唐初已经在汉族某些地区流行。何其芳的论据是南宋张津等人撰的《乾道四明图经》卷二和元代袁桷等人所撰的《四明志》卷七，二者都曾提到唐代的《十道四蕃志》。

张津《乾道四明图经》卷二云：

> 义妇冢，即梁山伯、祝英台同葬之地也，在县西十里接待院之后，有庙存焉。旧记谓二人少尝同学，比及三年，而山伯初不知英台之为女也。其朴质如此。按《十道四蕃志》云："义妇祝英台与梁山伯同冢，即其事也。"①

《四明志》卷七所录与上述相似，不具录。

《十道四蕃志》是唐人梁载言撰，梁载言是唐初高宗、武后时人。唐高宗上元二年（675）中进士，《旧唐书》卷一百九十和《新唐书》列传第一百二十七中有其传。不过，此书已散佚，只有残卷，并无梁祝的记载。

《新唐书·艺文志二》载有梁载言《十道志》十六卷，此书也已散佚，只有残卷，也无梁祝的记载。而高丽释子山《夹注名贤十抄诗》的夹注中有关于《十道志》的引文。《夹注名贤十抄诗》卷下《罗邺·蛱蝶》之夹注："《十道志》载明州有梁山伯冢，义妇竺英台同冢。"《十道志》《十道四蕃志》皆梁载言所作，《十道四蕃志》应是在《十道志》的基础上，增加"四蕃"而成。如果《夹注名贤十抄诗》中关于梁祝的引文为《十道志》之原文，那么《十道四蕃志》中也应当沿袭了这一记载。

明清时期关于晚唐的某些文献中，也有关于梁祝传说的记载。

---

① 浙江省地方志编纂委员会：《宋元浙江方志集成（第7册）》，杭州出版社，2009，第2904页。

明《善权寺古今文录》记录了唐代李蠙《题善权寺石壁》全文："常州离墨山善权寺，始自齐武帝赎祝英台产之所建，至会昌以例毁废。唐咸通八年，凤翔府节度使李蠙闻奏天廷，自舍俸资重新建立。……"① 李蠙是唐宣宗时候人。此《题善权寺石壁》写于唐懿宗咸通八年丁亥，即 867 年。

清人翟灏《通俗编》卷二十云：

> 梁山伯访友。《宣室志》：英台上虞祝氏女，伪为男装游学，与会稽梁山伯者同肄业。山伯字处仁。祝先归，二年，山伯访之，方知其为女子，怅然如有所失。告其父母求聘，而祝已许马氏子矣。山伯后为鄞令，病死，葬鄮城西。祝适马氏，舟过墓所，风涛不能进。闻知有山伯墓，祝登号恸，地忽自裂，陷祝氏，遂并埋焉。晋丞相谢安奏表其墓，曰义妇冢。②

清梁章钜《浪迹续谈》卷六引《宣室志》的一段文字与上述大同小异。

张读是晚唐人，所作《宣室志》今天仍存，但其中并无梁祝故事的记载。《宣室志》没有梁祝一条，李剑国《唐五代志怪传奇叙录》中说："《宣室志》实不载此。梁氏（指梁章钜）所引系转征他书，《宣室志》所载皆唐事，祝英台事乃在东晋，自不应载于本书。"③

关于梁祝传说的起源时间，无论是东晋说还是唐代说，均没有直接文献给予证明。据目前可得的资料看，从宋代开始，关于梁祝的传说就开始流行，并加入了化蝶的情节，相关的直接文献

---

① 宜兴市政协学习和文史委员会、宜兴市华夏梁祝文化研究会：《宜兴梁祝文化：史料与传说》，方志出版社，2003，第 77 页。

② ［清］翟灏：《通俗编（下册）》，陈志明编校，东方出版社，2013，第 700 页。

③ 李剑国：《唐五代志怪传奇叙录（下册）》，南开大学出版社，1993，第 833 页。

记载也非常多见。所以把梁祝传说的起源确定在宋代以前，则是没有什么问题的。

第六节　蟋蟀文化的发展

秦汉到隋唐时期，蟋蟀文化从形式到内容都进一步丰富，除了欣赏蟋蟀美妙的鸣声外，人们对斗蟋也越来越有兴趣。

蟋蟀的鸣声仍然被文人歌咏，借以抒发内心各种情感。如，东汉末《古诗十九首·东城高且长》云：

> 东城高且长，逶迤自相属。回风动地起，秋草萋已绿。四时更变化，岁暮一何速！晨风怀苦心，蟋蟀伤局促。荡涤放情志，何为自结束？燕赵多佳人，美者颜如玉。被服罗裳衣，当户理清曲。音响一何悲！弦急知柱促。驰情整巾带，沉吟聊踯躅。思为双飞燕，衔泥巢君屋。①

晋崔豹《古今注·鱼虫》云："蟋蟀，一名吟蛩，秋初生，得寒则鸣。"② 这首诗就写到蟋蟀在寒秋降临，仿佛因生命窘急而伤心哀鸣。不但是人，自然界的一切生命，都在寒秋感受到了时光流逝的迟暮之悲。从高且长的东城，到凄凄变衰的秋草，再到蟋蟀，似乎都成了苦闷人生的某种象征。蟋蟀的哀鸣引发游子内心的遐想，反映出诗人空虚孤独而又无着落的苦闷与悲哀的情怀。

又如，晋卢谌《蟋蟀赋》云：

> 何兹虫之资生，亦灵智之攸授。享神气之分眇，

---

① ［清］王夫之：《古诗选（国学经典丛书）》，长江文艺出版社，2015，第123页。

② ［晋］崔豹：《古今注》卷中《鱼虫第五》，1922年四部丛刊影宋本。

体形容之微换。于时微凉既成，大火告去，玄乙辞宇，翔鸿南顾。风泠泠而动柯，露零零而陨树。日转景而西颓，汉回波而东注。厉清响于干霄，激秋声以迄曙。①

这里对蟋蟀的诞生和习性进行了描述，并通过对蟋蟀鸣声的刻画，表达了诗人对岁月流逝，命运变迁的感叹。

又如，晋张协《杂诗》其一云：

秋夜凉风起，清气荡暄浊。蜻蛚吟阶下，飞蛾拂明烛。君子从远役，佳人守茕独。离居几何时，钻燧忽改木。房栊无行迹，庭草萋以绿。青苔依空墙，蜘蛛网四屋。感物多所怀，沉忧结心曲。②

这里蟋蟀的鸣声渲染出秋天清冷而岑寂的气氛，含蓄地表现了思念远行夫君的“佳人”闻蟋蟀声后的惆怅。

又如，晋代潘岳《秋兴赋》云：

野有归燕，隰有翔隼。游氛朝兴，槁叶夕殒。于是乃屏轻箑，释纤絺，藉莞箬，御袷衣。庭树槭以洒落兮，劲风戾而吹帷。蝉嘒嘒而寒吟兮，雁飘飘而南飞。天晃朗以弥高兮，日悠阳而浸微。何微阳之短晷，觉凉夜之方永。月曈胧以含光兮，露凄清以凝冷。熠耀粲于阶闼兮，蟋蟀鸣乎轩屏。③

作者并没有对蟋蟀进行大篇幅的描写，而是在对秋景的描述中，把蟋蟀与大雁、鸣蝉、秋水、枯叶等景物融合在一起，描绘出一幅“秋兴”的画卷，蟋蟀与秋色秋声融合在一起，更显出了

---

① ［清］严可均辑《全晋文　上》，商务印书馆，1999，第 345 页。

② 姜书阁、姜逸波：《汉魏六朝诗三百首》，岳麓书社，1992，第 195 页。

③ ［清］姚惜抱：《古文辞类纂评注　下》，安徽教育出版社，1995，第2057 页。

悲秋之情。

唐代是中国诗歌发展的顶峰时期，这一时期也出现了大量描写蟋蟀的诗文。

如，杜甫的《促织》云：

促织甚微细，哀音何动人。草根吟不稳，床下夜相亲。久客得无泪，放妻难及晨。悲丝与急管，感激异天真。①

这首诗是唐代咏蟋蟀诗歌的代表作。当时杜甫还在秦州，远离家乡，夜间听闻蟋蟀哀婉的叫声而感秋，进而牵动了思乡之情，深刻地表达了诗人远离家乡的羁旅愁怀。

又如，张随《蟋蟀鸣西堂赋》云：

夜如何其夜未央，天晴地白月如霜。士有衣絺绤，坐藜床，怨空阶之槁叶，聆暗壁之寒螀。乃言曰："何彼蛩矣，与时行藏。"火氛郁蒸，迹迈于中野；秋气融朗，声闻于西堂。然后屏轻箑，卷凉簟，时岁忽以徂谢，功名曷其荏苒。美豳化之有成，陋晋风之太俭。夫如是，莫不惊白露之虫跃，望青云之鸿渐。②

该赋通过描绘秋景，如秋夜月光、庭树的黄叶、南飞的归雁，尤其是阶畔哀鸣的蟋蟀等，寓情于景，借物抒情，来感叹生命的短暂和自己浓浓的乡情。

又如，张乔《促织》云：

念尔无机自有情，迎寒辛苦弄梭声。椒房金屋何曾

---

① 周振甫：《唐诗宋词元曲全集　全唐诗》第4册，黄山书社，1999，第1625页。

② 赵逵夫：《历代赋评注5》唐五代卷，巴蜀书社，2010，第340页。

识，偏向贫家壁下鸣。[①]

这首诗通过对蟋蟀歌咏所抒发的感情，已从文人士大夫个人的情感升华到以蟋蟀之鸣来表现劳动人民的哀愁，表达作者对贫穷百姓生活的同情之心，境界颇高。

我国蓄养蟋蟀的习俗由来已久，目前发现的最早的蟋蟀笼距今已有 1 100 多年的历史，与现在使用的笼子形状极为相似。可见，1 000 多年以前蓄养蟋蟀的器具就已基本定型了。这说明，至迟到唐朝的时候，蓄养、赏玩蟋蟀已经成为我国重要的民间娱乐活动之一。

限于环境和人们的认知，古代宫廷妇女可以用以疏解苦闷的娱乐方式不多，《开元天宝遗事》记载了两条，"戏掷金钱"条曰："内庭嫔妃，每至春时，各于禁中结伴，三人至五人，掷金钱为戏。盖孤闷无所遣怀。""金笼蟋蟀"条曰："每至秋时，宫中妃妾辈皆以小金笼捉蟋蟀，闭于笼中，置于枕函畔，夜听其声。庶民之家皆效之。"[②] 白居易《禁中闻蛩》中写道："悄悄禁门闭，夜深无月明。西窗独暗坐，满耳新蛩声。"[③] 孤寂无聊的漫漫长夜，聆听蟋蟀优美的鸣声，恐怕是这些可怜的佳丽们最好的催眠方式了。白居易在宫中听到到处有蟋蟀的叫声，可以看出笼养蟋蟀以听其鸣，在当时的宫廷确实是普遍流行的，而且这种娱乐活动很快就传入民间，成为民间百姓消遣娱乐的重要方式。

蓄养蟋蟀除了"听其鸣"外，还有一种更重要的娱乐价值，就是"观其斗"。

蟋蟀好斗，但并非所有的蟋蟀都好斗，好斗的只是雄蟋蟀。雄蟋蟀之所以好斗，并不是像蚂蚁那样为了保护它们的"子女"而搏斗。其好斗的原因，主要有以下三种：

---

① 周振甫：《唐诗宋词元曲全集　全唐诗》第 12 册，黄山书社，1999，第 4750 页。

② ［五代］王仁裕：《开元天宝遗事》卷二，乾隆四十六年文渊阁四库全书本。

③ ［清］彭定求：《全唐诗》卷四百三十七，康熙四十五年扬州诗局刻本。

一是为争夺交配伴侣。雄性蟋蟀交配能力很强，“虫性最淫，每早、午、晚，要过三次铃子。若无三尾，不独昼夜呼雌，虫体有伤，且亦不来斗性。须用三尾串透，看虫后尾壮起，则斗性发也矣”①。

二是由它们的食性所决定的。雄蟋蟀长有坚硬、锋利的牙齿，是杂食性动物，是直翅目中食性最广的昆虫。在野外，它们主要以植物的嫩芽、嫩叶及根为食，尤其喜欢各种蔬菜及果实，也食肉，有时甚至连同伴及其他昆虫的尸体也一并下肚。雄蟋蟀的这种杂食性口味也是它们好斗的重要原因。

三是由于它们的生活习性所决定的。蟋蟀喜欢穴居，雄蟋蟀性格非常孤僻，平时总是独占一穴，不许同类来侵略其地盘，如果有犯境者，无论是谁，即使面对“兄弟”也总会“拔刃相迎”，将对方驱逐出穴外。胜利后的蟋蟀，振翅高歌，炫耀自己的武力。所以，只要是在同一空间里，雄蟋蟀遇到同类，就会马上迎战，直至胜利，最后还要将战死者的尸体吞入腹中。颇有点“壮志饥餐胡虏肉，笑谈渴饮匈奴血”的战斗精神。

斗蟋蟀是中国最重要的民俗娱乐项目之一。其究竟起源于何时，目前还难以确考。吴继传先生说：“斗蟋最早是农民庆丰收，逮了蟋蟀在地里挖了坑斗输赢，赢了就给一个丰收饼。后来才传到宫里。”② 吴先生关于斗蟋蟀起源于民间的说法，是合乎实际的。按常理推测，当时乡野百姓，发现了雄性蟋蟀好斗的特性，便将捕捉来的蟋蟀令其两两相斗而取乐。看过斗蟋蟀的人都知道斗蟋蟀的确是很吸引人的游戏。

竞斗蟋蟀有一个合对的过程，而合对的条件是厘码相当。所谓厘码相当，不是凭直观看虫体大小，而是凭过秤的分量，把重量相等的虫放在一起，按顺序对赛

① 白峰：《蟋蟀古谱评注》，上海科学技术出版社，2013，第 382 页。

② 吴桦：《虫趣》，上海世纪出版集团，2004，第 89 页。

(“吊打”)。开斗前由工作人员把双方虫盆移至斗台，双方虫主站立斗台两端牵草。斗台中心放置斗栅（圈）和上述工具，斗台中间一侧站立一名监局（裁判）。双方各自把“将军”用过笼吊入斗栅闸侧眼前格内，然后由监局宣布比赛开始，双方牵手开始晃草。双方虫鸣叫时，监局宣布：“两将八角，开闸!”或“比赛开始”!并将栅中闸门拔起，双方虫进行搏斗。拼斗发夹爆时，若一方鸣叫，一方不鸣，则鸣者为上风，不鸣者为下风。下风方由监局者示意下草，若张牙可继续牵草，双方各引“将军”续斗；若不张牙，监局者即落闸，允许下风方继续下三草（以掉头一次为一草）。若三次掉头不张牙，监局者即判定胜负。

斗蟋咬斗三种类型：

第一，进攻型。即两虫交口时主动向前冲，发起进攻，先发制人，属性急虫，按旧谱论斗口为武口。斗口多连续快口、推口（冲口）、摇口、造桥口、拆口、崩口、勾口等。这类虫多腿劲大，铺身好，推进力强，猛不可挡。这类虫也有高虫，有时几口至胜，但不一定都是最后胜利者，往往因咬的较浮躁，咬的太急，容易失误。

第二，防守型。即两虫交口后，并不全力主动向前冲，属慢性虫，为后发制人，按旧谱说，即斗口为文口。这类虫多腿劲小，斗时铺身不好，咬的被动，有的确实体弱力单，节节后退，多为受口、耐口与外口。这类型虫中，有时很冷静、沉着，当找到好机会时，还口极重，一重口定局，制胜率比前者高。

第三，防守与进攻结合型。即两虫交口后，先防守后进攻，咬得稳，但稳中有急，即旧谱中的文行武斗类。实际上是文武双全，有勇有谋，是真正的后发制人的最后胜利者。这类虫多在稳咬中会找机会，适时闭口合牙时，落口极重。千钧一发时，突然爆发，一口定胜负，这才是超品。真正的“虫王”“大帅”多出自这个类型中。①

另外，斗蟋蟀作为游戏项目，简单易行，相对于斗鸡、斗牛等项目，它不需在场地和蟋蟀的捕养上花费太大的成本，这也适合民间百姓娱乐消费。后来，这种民间游戏也被传到了宫廷里。至于何时传到宫廷，有人认为是在唐代。据说武则天就很喜欢斗蟋蟀，常组织宫女们斗蟋蟀。南宋贾似道《促织论》亦言：“盖自唐帝以来，以迄于今，于凡王孙公子，至于庶人、富足、豪杰，无不雅爱珍重之。”②

贾似道被称为“蟋蟀宰相”，是玩斗蟋蟀的行家里手，他的说法自然有一定的道理。不过，唐代文献当中也确实没有找到关于斗蟋蟀的记载。说斗蟋蟀始于唐代还不是很确切的说法。

最初，人们斗蟋蟀是为了娱乐消遣，输赢也只是一笑之间的事情。可是后来，却有人将斗蟋蟀作为了赌博的方式。利用斗蟋蟀来赌博，可能与唐代斗鸡活动有关。

我国斗鸡之戏起源很早，春秋战国时期就已经很流行了。鲁昭公二十五年（前517）九月，因季平子与郈昭伯的斗鸡事件，鲁国爆发了内乱。《史记·孔子世家》载：“孔子三十五岁，而季平子与郈昭伯以斗鸡故，得罪鲁昭公。昭公率师击平子，平子与孟孙氏、叔孙氏三家共攻昭公，昭公师败奔于齐……鲁乱。”③

到了唐代，由于唐玄宗酷爱此戏，斗鸡更是风靡全国。唐代陈鸿《东城父老传》载：“玄宗在藩邸时乐民间清明节斗鸡戏，及即位，治鸡坊于两宫间，索长安雄鸡，金毫、铁距、高冠、昂

① 《宁阳斗蟋》，http：//www.ny0538.com/html/2013/0712/1158188823.htm，访问日期：2017年09月14日。

② 王世襄：《蟋蟀谱集成》，生活·读书·新知三联书店，2013，第35页。

③ ［汉］司马迁：《史记》卷四十七《孔子世家第十七》，商务印书馆，1930年百衲本。

尾千数，养于鸡坊。”[1] 很多人由于斗鸡一夜暴富，令人羡慕。李白《古风》云：“路逢斗鸡者，冠盖何辉赫。鼻息干虹霓，行人皆怵惕。”[2] 岑参《神鸡童谣》云：“生儿不用识文字，斗鸡走马胜读书。贾家小儿年十三，富贵荣华代不如。”[3] 那个时候，斗鸡已经不再是单纯的娱乐，而成为很多人一夜暴富的跳板。

皇帝如此好赌，而且斗鸡又能带来那么多的财富和权力，这种利益的诱惑，促使那些投机钻营之徒，想尽办法，绞尽脑汁地寻找新鲜刺激的赌博方式来取悦皇帝。乡野民间的斗蟋蟀之戏，恐怕就是这个时候而为人所利用，被拉入到赌博的行列里的。宋顾文荐《负暄杂录》云：“禽虫之微，善于格斗，见于书传者，唐明皇生于乙酉而好斗鸡，置鸡坊、鸡场，见之《东城老父传》。斗蛩（蛩，即蟋蟀）之戏，亦始于天宝。长安富人镂象牙为笼而蓄之，以万金之资，付之一啄，其来远矣。”[4] 这告诉我们，当时的人们很可能受到了斗鸡的启发，而以斗蟋蟀赌输赢。

第七节 萤火虫文化的发展

秦汉到唐代，萤火虫文化的发展通过咏萤文学得以体现。这一时期，越来越多的文人对萤火虫进行歌咏，咏萤文学进入了繁荣的阶段。据统计，仅在全唐诗中关于萤火虫的诗就有 245 首，其中，写过萤火虫的诗人多达 90 位。

文人咏萤最初只是有感于萤火之美，从而发出赞叹之情，并没有更为深刻的寓意。如，晋代张华《励志诗》云：

> 大仪斡运，天回地游。四气鳞次，寒暑环周。星火

---

① ［唐］陈鸿祖：《东城老父传》，汪绍楹点校，中华书局，1961。

② ［清］彭定求：《全唐诗》卷一百六十一，康熙四十五年扬州诗局刻本。

③ ［清］彭定求：《全唐诗》卷八百七十八，康熙四十五年扬州诗局刻本。

④ ［宋］顾文荐：《负暄杂录》，中国书店，1986。

既夕，忽焉素秋。凉风振落，熠耀宵流。①

这首诗中作者写出了对深秋夜空中，萤火点缀，异彩纷呈的美丽景象的赞美。

又如，南朝梁代萧和《萤火赋》云：

聊披书以娱性，悦草萤之夜翔，乍依栏而回亮，或傍牖而舒光，或翔飞而暂隐。时凌空而更飏，竹依窗而度影，兰因风而送香。此时逸趣方遒，良夜淹留。眺姮娥之澄景，观熠耀之群游。类干沙之飞火，若清汉之星流。入元夜而光净，出明灯而色幽。时临池而泛影，与列宿而俱浮。觉更筹之稍竭，见微光之惭收。尔其斜月西倾，独照蓬楹。瞩曙河之低汉，闻伺潮之远声。望落星之掩色，见晨禽之晓征。悲扶桑之吐曜，翳微躯而不明。写余襟其未尽，聊染翰以书情。②

该赋中，作者把萤火虫从傍晚出现到黎明消失的过程呈现于读者眼前，反复铺排、渲染了萤火虫在夜空飞舞的形态。尤其以“干沙之飞火”“清汉之星流”等比喻，形象而生动地再现了萤火虫摇曳靓丽的身姿。

言志缘情是古代诗赋的文学特点，诗人在文学作品中，借景抒情，以情寓景是很常见的。对于大多数的咏萤文学来说，除了描写萤火之美外，还蕴含着更深层的寓意。如，梁简文帝萧纲的《咏萤》云：

本将秋草并，今与夕风轻。腾空类星陨，拂树若生

---

① ［南朝梁］萧统编《文选　上》，［唐］李善注，太白文艺出版社，2010，第544页。

② ［清］严可均辑《全梁文　上》，商务印书馆，1999，第273页。

花。屏疑神火照，帘似夜珠明。逢君拾光彩，不吝此生轻。①

在此诗中，作者通过“类星陨”“若生花”“疑神火”“似夜珠”一连四个比喻，把萤火虫与众不同的形象生动而又鲜明地表现出来，并采用拟人手法，借物喻情，表达出只要遇到知音，便要不惜一切，奉献出微薄力量的意愿。

又如，唐代虞世南的《咏萤火》云：

的历流光小，飘摇弱翅轻。恐畏无人识，独自暗中明。②

在诗中，诗人描摹了萤火虫美妙形象，暮色中，纤纤玉体在轻风中张翼斜飞，飘逸流畅，荧光点点，绚丽多姿的倩影，点缀了美丽的星空。诗人亦用拟人手法，抒发了他的人生体验：个体虽生命弱小，但仍应不甘于默默无闻，不要自暴自弃，要在暗夜中闪光，顽强地证明自己的存在，执着地实现自己的人生价值。

又如，杜甫《见萤火》云：

巫山秋夜萤火飞，帘疏巧入坐人衣。忽惊屋里琴书冷，复乱檐边星宿稀。却绕井阑添个个，偶经花蕊弄辉辉。沧江白发愁看汝，来岁如今归未归。③

秋天是萤火虫成虫最多的时期。古人认为，秋天是伴随萤火虫的出现而开始的。所以，杜甫见到萤火虫，感到秋天又来了，于是作悲秋之叹，感慨光阴易逝，并抒发年事渐增而壮志未酬的

---

① ［南朝梁］萧纲：《梁简文帝集》卷三，光绪五年彭懋谦信述堂汉魏百三名家集本。

② ［清］彭定求：《全唐诗》卷三十六，康熙四十五年扬州诗局刻本。

③ 周振甫主编《唐诗宋词元曲全集　全唐诗》第5册，黄山书社，1999，第1698页。

无奈之情。

又如，骆宾王的《萤火赋》序云：

> 余猥以明时，久遭幽絷，见一叶之已落，知四运之将终。凄然客之为心乎？悲哉！秋之为气也。光阴无几，时事如何？大块是劳生之机，小智非周身之务。……
>
> 况乘时而变，含气而生，虽造化之不殊，亦昆虫之一物。应节不愆，信也；与物不竞，仁也；逢昏不昧，智也；避日不明，义也；临危不惧，勇也。[①]

此赋明为写萤实为写人，借物抒情的意图非常明显。诗人赋予萤火虫“信、仁、智、义、勇”五德，并借萤火虫抒发对个人理想人格的赞美。

秦汉隋唐之际，人们对先秦时期产生的“腐草化萤”说有了更加深刻的认识。据《搜神记》载：

> 故腐草之为萤也，朽苇之为蛬也，……羽翼生焉，眼目成焉，心智在焉：此自无知化为有知，而气易也。鹤之为獐也，蛬之为虾也：不失其血气，而形性变也。若此之类，不可胜论。鹤之为獐也，蛇之为鳖也，蛬之为虾也，不失其血气，而形性变也。若此之类，不可胜论。[②]

可见，动植物之间可以互化，这属于“无知化有知”，连最本质的气也要变化。而动物之间的变化为“有知化有知”，只是形体的变化，本质的气并没有变。

朱熹《礼记述注》对腐草化萤也有解释：“离明之极，故幽

① 周绍良：《全唐文新编 第 1 部》第 4 册，吉林文史出版社，2000，第 2249 页。

② ［晋］干宝：《搜神记》卷十二，崇祯三年毛津逮秘书本。

类化为明类也。"[1] 他认为腐草败叶之类长期处于黑暗幽深的地方，常年不见日光，根据物极必反的道理，时间久了反而会生出闪闪发光的萤火虫。

民间传说中认为人死后尸体也可化为萤火虫。看这一则民间故事：

> 话说数千年前，某处有一可爱的姑娘，名叫金姑，和弟弟的关系非常好。然而一个夏夜，姊弟俩一同在门外乘凉时，因一点小事发生了争吵。这是姊弟间从未发生过的事。
>
> 弟弟非常悲伤，愤然奔向野外。金姑感到事情不得了，于是大声招呼弟弟，随后追去。但是，弟弟不见了，遂走进黑夜的森林深处。夜黑得伸手不见掌，甚至无法寻找弟弟，她后悔由于粗心而未提灯笼出来。虽然高喊向别人借灯笼，而在漆黑的荒野中是无人应答的。如今她只好在黑暗中奔走。由于过度奔跑，两腿疲倦，脚上磨出水泡，终于站不住倒在地上不省人事。——她虽然死了，但不忘弟弟，摇身变作带亮光的萤火虫。因此，至今还一到夏夜就用那碧绿色的光照亮道路，寻找弟弟。于是，那一带地区就把这个萤火虫叫作"火金姑"。[2]

不仅尸体可以化为萤火虫，人死后的精血也可以化萤。王充《论衡》有"人之兵死也，世言其血为磷"[3] 之语，晋祖台之的《志怪》记载：

---

① 北京大学《儒藏》编纂中心：《儒藏》，北京大学出版社，2009，第157页。

② 藤野岩友：《巫系文学论》，重庆出版社，2005，第344页。

③ [汉] 王充：《论衡》卷二十《论死篇第六十二》，商务印书馆，1922年四部丛刊本。

晋怀帝永嘉中，谯国丁祚渡江至阴陵界。时天昏雾，在道北见一物如人倒立。两眼垂血从头下，聚地两处，各有升余。祚与从弟齐声喝之。灭而不见。立处聚血，皆化为萤火数千枚，纵横飞去。[①]

更为神奇的是古代关于人的魂魄化萤之说。之所以有这样的想法，应该是古人只观察到萤火虫在夜里飞行，而看不到其虫体，便以之为磷火，也就是民间所称的鬼火，于是人死后魂魄化为萤火虫的想法便应运而生了。晋傅咸《萤火赋》云：

潜空馆之寂寂兮，意遥遥而靡宁。夜耿耿而不寐兮，忧悄悄而伤情。哀斯火之湮灭兮，近腐草而化生。感诗人之悠怀兮，览熠耀于前庭。[②]

这里，傅咸就把腐草化萤说和魂魄说结合，产生了人死后离散之魂化为萤火虫的说法。由此，更形成了萤火虫为鬼魂的民间信仰。这种信仰与民间的鬼怪传说“夜行游女”有关。

“夜行游女”，在民间传说中为鸟名。即女鸟，一名姑获，是一种女鬼。南朝梁宗懔《荆楚岁时记》载：

正月夜多鬼鸟度，家家槌床打户，捩狗耳，灭灯烛以禳之。《玄中记》云：此鸟名姑获。一名天地女，一名隐飞鸟，一名夜行游女，好取人女子养之。有小儿之家，即以血点其衣以为志。故世人名为鬼鸟。[③]

不知何时，民间又把这种女鬼与萤火虫联系起来，认为夜间

① 李穆南、郄智毅、刘金玲：《历代笔记》，中国环境科学出版社，2006，第51页。

② ［清］严可均：《全上古三代秦汉三国六朝文》卷五十一，中华书局，1958年影清光绪王毓藻刻本。

③ ［南朝梁］宗檩：《荆楚岁时记》，岳麓书社，1986，第19页。

飘飞的萤火虫就是女鬼所化。

《酉阳杂俎》载：

> 登封尝有士人，客游十余年，归庄，庄在登封县。夜久，士人睡未著，忽有星火发于墙堵下，初为萤，稍稍芒起，大如弹丸，飞烛四隅，渐低，轮转来往，去士人面才尺余。细视，光中有一女子，贯钗，红衫碧裙，摇首摆尾，具体可爱。士人因张手掩获，烛之，乃鼠粪也，大如鸡栖子。破视，有虫首赤身青，杀之。①

《青箱杂记》的《夜游女子》亦云：

> 夜游女子，萤火也。此伏尸之精。烧香辟。若入人家，其色青者吉，红者有祸殃。②

萤火虫与鬼魂的神秘关系让人们对其产生敬畏和惧怕。徐坚《初学记》卷三十《萤第十四》载："《淮南万毕术》曰：萤火却马。注云，取萤火裹以羊皮，置土中，马见之鸣，却不敢行。"③在一些民间传说中认为萤火虫飞到谁家，谁家就倒霉，不是生病就是死亡。当然，在有些观念中萤火虫的出现是吉兆。我国古人相信萤火虫可招来客、仕途和卜丰年。据《直省志书·山阴县》记载："萤一名挟火，越人谓入室则有客。"④

上述这些关于萤火虫来源的民间传说和民俗信仰，在古代科学尚不发达的情况下是深入人心的。腐草化萤之传说甚至还传到日本、朝鲜等地，如1712年，日本寺岛良安的《和汉三才图会》中便有茅草之根变成萤火虫的记载。

即便在科学知识较为普及的今天，仍然有一部分人不知道萤

---

① ［唐］段成式：《酉阳杂俎》，齐鲁书社，2007，第158页。

② ［清］陈梦雷：《古今图书集成》第53册，中华书局，1984：第645页。

③ ［唐］徐坚：《初学记》卷三十《虫部》，乾隆五十一年文渊阁四库全书本。

④ 孟昭连：《中国虫文化》，天津人民出版社，1993，第223页。

火虫的来历。杨平世教授1996年曾通过网络渠道，对我国台湾地区群众进行萤火虫知识问卷调查，在应答的60人中，约有1/3的人仍然认为萤火虫乃腐草所化。[①]

晋代的时候，萤火虫还在民间文化中成为勤奋学习的象征。这与妇孺皆知的“囊萤夜读”的典故有关。《晋书·车胤传》记载：“胤恭勤不倦，博学多通。家贫，不常得油。夏月，则练囊盛数十萤火以照书，以夜继日焉。”[②] 晋人车胤幼时家贫且好学，夜间无钱买油照明读书，就捉萤火虫盛入练囊，借荧光夜以继日地读书，最终成为饱学之士和国家栋梁。后人便用囊萤夜读来形容在艰困环境中勤奋苦读之人，并以此教育子女，表达了人们对勤勉好学精神的赞许和推崇。

---

① 彩万志：《中国人心目中的萤火虫》，载罗晨、季延寿《第五届生物多样性保护与利用高新科学技术国际研讨会论文集》，北京科学技术出版社，2005。

② ［唐］房玄龄：《晋书》卷八三《列传第五十三·车胤传》，乾隆四年武英殿刻本。

第五章

宋元明清时期中国昆虫文化的进一步发展和成熟

宋元明清时代，国家经济重心进一步南移，南方经济的持续稳定增长，为宋元明清社会经济的新变化奠定了必要的根基，商业贸易的发展最终在明末清初孕育出了资本主义萌芽，封建社会内部出现了转型和裂变之机。封建文化继续兼容并蓄，中国传统文化取得了长足的发展，明清成为封建文化的集大成时代。

在此政治、经济、文化背景下，宋元明清时期，昆虫文化继续发展，逐步走向成熟。

宋代开始，随着词这种文学体裁的兴起，昆虫文化有了新的表现形式，而且词相对于诗，容量增加，可以表现更为丰富的思想内容，这是昆虫文化得以进一步发展的一个重要因素。

宋元明清时期，出现了很多类书，如《太平广记》《太平御览》《古今图书集成》等，还出现了专门性和综合性农书，上述著作对蚕、蝗虫、蟋蟀等昆虫文化从不同侧面进行了一定程度的总结，标志着昆虫文化的成熟。

第一节　食虫文化的进一步发展和成熟

宋代的食用昆虫文化在食材范围和食用方式上相较前代获得

了进一步发展。如对天虾的食用。天虾，是一种水生昆虫，广西、广东居民爱食之。宋范成大《桂海虞衡志》云："天虾，状如大飞蚁，秋社后有风雨，则群堕水中。有小翅，人候其堕，掠取之为鲊。"[①] 宋代南方人爱食鲊，鲊是糟制品的古称，即用盐和酒（或酒糟）腌制鱼类食品。掠取天虾做成的鲊，肉质松软，鲜嫩芬芳，是宋代在中国南方流行的美食。

又如，对蝗虫的食用。范仲淹《封进草子乞抑奢侈》曰："窃见贫民多食草子，名曰乌昧，并取蝗虫曝干，摘去翅足，和野菜合煮食，别无虚妄者。"[②] 可见，宋代灾荒之年民间食用蝗虫是很常见的现象。后来，南宋时期的董煟还总结了捕蝗、食蝗方面的经验，并收入到其《救荒活民书》中，作为灾荒之年救灾的重要手段。再后来，不仅灾荒之年，在平时，民间也流行食用蝗虫。明代徐光启《农政全书》载："东省畿南……田间小民，不论蝗、蝻，悉将煮食；城市之内，用相馈遗。亦有熟而干之，鬻于市者，则数文钱而易一斗。啖食之余，家户囤积，以为冬储，质味与干虾无异。其朝脯不足，恒食此者，亦至今无恙也。"[③] 食用蝗虫的习俗获得了进一步发展。

明清是我国传统文化的集大成时期。与此相适应，饮食文化也蓬勃发展，各种反映饮食文化成就的食谱、食经、食俗方面的著作层出不穷，如《饮膳正要》《宋氏养生部》《随园食单》等。饮食文化中最具代表性的鲁、川、粤、闽、苏、浙、湘、徽"八大菜系"已经逐步形成，这些菜系的菜单中都包含有昆虫菜肴。如鲁菜中"炸豆参""油炸地龙""清汤豆参丸""豆参饺子"等名贵菜肴中的"豆参""地龙"，其实就是豆虫。豆虫，亦称地龙，是豆天蛾属鳞翅目、天蛾科昆虫，幼虫俗名"豆丹"，是对

① ［宋］范成大：《桂海虞衡志》序，1920 年涵芬楼学海类编本。

② ［宋］范仲淹：《范文正集补编》卷一，乾隆四十六年文渊阁四库全书本。

③ ［明］徐光启：《农政全书》卷四十四《荒政》，商务印书馆，1929 年万有文库第一集，第 47 页。

庄稼危害较大的可食性害虫。然其蛋白质含量极高，可作为人们餐中美食。食用豆虫自古有之，蒲松龄《农桑经》中详细记述了其烹制法，“虫大捉之可尽，又可熬油。法以虫掐头，捏尽绿水，入釜少投水，烧火煤之，久则清油浮出。每虫一斤可得油四两。皮焦亦可食。”①

这一时期，集中反映我国食用昆虫文化成就的文献，是明代李时珍的《本草纲目》和清代赵学敏的《本草纲目拾遗》等。《本草纲目》中记载了蝉、蜂、蚕、蟋蟀等一百余种可以食用的昆虫。《本草纲目拾遗》是《本草纲目》的续编，记载了大量《本草纲目》中没有出现的食用昆虫，如蜜虎、龙虱、洋虫、棕虫等。两书的作者不仅对这些昆虫的食用方式和药用原理进行阐释，还对它们的食用历史和习俗进行了整理和汇编，我国厚重而博大的食用昆虫文化在这两本书中得以集中展现。

中国食用昆虫文化有着丰富多彩的形式和内容，这种独特的饮食文化传承至今。在今天的中国，不同地区、不同民族的食用昆虫文化仍然在不断发展和变化，并呈现出科学食虫、文明食虫、绿色食虫的新特点，展现出了生机勃勃的发展势头。

第二节　蚕文化的进一步发展和成熟

宋元明清时期，蚕文化得到进一步的丰富发展，并逐步走向了成熟。

从六朝开始，民间出现了对紫姑的信奉。紫姑，民间传说中本为厕神。六朝已有，唐、宋两代盛行，至清不衰。南朝宋刘敬叔《异苑》云：“世有紫姑女，古来相传是人妾，为大妇嫉，死于正月十五夜。后人作其形，祭之曰：‘子胥不在，曹夫亦去，

---

①［清］蒲松龄：《蒲松龄全集》第 3 册《杂著》，学林出版社，1998，第 261 页。

小姑可出。捉者觉动，是神来矣。以占众事。’胥，婿名也。曹夫，大妇也。”[①] 唐朝的《显异录》云：“紫姑，莱阳人，姓何名媚，字丽卿。寿阳李景纳为妾。其妻妒之，正月十五阴杀于厕中。天帝悯之，命为厕神。故世人作其形，夜于厕间迎祀，以占众事。俗呼为三姑。”[②] 宋沈括《梦溪笔谈》：“旧俗，正月望夜迎厕神，谓之紫姑。亦不必正月，常时皆可召。”[③]

后来，苏轼《子姑神记》，洪迈《夷坚支乙》，郭彖《睽车志》，明代刘侗、于奕正《帝京景物略》，清代俞正燮《癸巳存稿》等皆延此说。

在许多地方的民间信仰中，这位紫姑神因具有保佑蚕桑丰收的能力，而成为蚕神之一。南朝梁宗懔《荆楚岁时记》云：“十五日，其夕迎紫姑以卜将来蚕桑，并占众事。”[④]《太平广记》记载，“吴县张诚之，夜见一妇人立于宅东南角，举手招诚，诚就之。妇人曰：‘此地是君家蚕室，我即是地之神，明年正月半，宜作白粥泛膏于上以祭我，当令君蚕桑百倍。’言绝失之。诚如言为作膏粥，自此年年大得蚕，世人正月半作由此故也。”[⑤] 因而民间就有元宵节设膏粥、祭紫姑、保蚕桑丰收的风俗。宋徽宗宣和六年（1124）进士，山东蓬莱人王洋所写的《上元二首》诗中写到了家乡的这种风俗。诗云：“谁将膏粥饭蚕师，轻薄儿童觅彩衣。游骑但知夸艳丽，祠门直莫欢寒微。”[⑥] 《济阳县志》云：“上元节，妇女或有请紫姑以卜为戏者。”[⑦]《庆云县志》云

---

① ［南朝宋］刘敬叔：《异苑》卷五，载《古小说丛刊》（合订本），中华书局，1996。

② ［清］陈梦雷：《古今图书集成：神异典》卷四十，中华书局，1934。

③ ［宋］沈括：《梦溪笔谈》，上海古籍出版社，2015，第142页。

④ ［南朝梁］宗懔：《荆楚岁时记》，乾隆四十六年文渊阁四库全书本。

⑤ ［宋］李昉：《太平广记》卷二九三，江苏广陵古籍刻印社，1983年笔记小说大观本。

⑥ ［宋］王洋：《东牟集》卷四，乾隆四十六年文渊阁四库全书本。

⑦ 《中国地方志集成：山东府县志》辑14《民国济阳县志》，凤凰出版社，2004。

"上元，村女请紫姑卜休咎。"[①]《临朐县志》记载："旧志载，正月五日祀蚕姑神，十六日浴蚕种，是日小儿女以五色米杂七孔针炊糜作巧饭食之，曰益智，今俗犹然也。"[②]

各地迎紫姑卜蚕桑的风俗形式因地而异，多是年轻姑娘们的游戏。多数是用炊具扎制成人形骨架，以木、葫芦饭勺或条编笊篱为头，画上眉眼，戴上花，披上女子衣裤。至夜间由众女子带到厕边或栏边烧纸请神，乞愿，或问婚姻，或问蚕桑，以紫姑点头与否定吉凶。紫姑神也有用纸扎或剪成的，纸剪者用筷子抬着，看其动静。[③]

宋元明清时期，嫘祖、马头娘、菀窳妇人、寓氏公主等蚕神的信仰在各地更是非常常见。宋人秦观所撰《蚕书·祷神》云："卧种之日，升香以祷。天驷，先蚕也。割鸡设醴以祷妇人、寓氏公主，盖神也。"[④] 元代王祯《农书》中绘制的先蚕坛中，蚕神嫘祖之下就是菀窳妇人、寓氏公主两位蚕神。清代蒲松龄《农桑经》云："卧种之日，割鸡设酒，以祷先蚕。写'寓氏公主之神'，祝曰……"[⑤] 清代新城（今山东桓台）人王士禛《蚕词》云："青青桑叶映回塘，三月红蚕欲暖房。相约明朝南陌去，背人先祭马头娘。"[⑥]

宋元时期，与蚕业有关的著作有20多种。其中，《秦观蚕书》颇具代表性，该书介绍了包括著名的多回薄饲在内的多种养蚕技术；陈旉的《农书》第一次记载了桑树嫁接技术和低温处理蚕种技术；元代《王祯农书》图文并茂，介绍了采桑、切叶、养

① 《中国地方志集成：山东府县志》辑20《光绪宁津县志　咸丰庆云县志　民国庆云县志》，凤凰出版社，2004。

② 《中国地方志集成：山东府县志》辑36《光绪临朐县志　民国临朐续志》，凤凰出版社，2004。

③ 张士闪：《中国节日志：山东卷》，光明日报出版社，2014，第109页。

④ ［宋］秦观：《蚕书》，嘉庆五年鲍廷博知不足斋丛书本。

⑤ ［清］蒲松龄：《蒲松龄全集》第3册，学林出版社，1998，第263页。

⑥ 周兴陆编《渔洋精华录汇评》，齐鲁书社，2007，第14页。

蚕、缫丝等工序，而且对南北方养蚕技术做了对比。

明清时期与蚕业相关的农书多达180余种。其中，《天工开物》重点记载了江浙的蚕桑、丝织技术，不仅对栽桑、养蚕关键技术做了较为科学的论述，而且对缂丝、刺绣工艺也有具体讲述；《补农书》系统总结了明末清初杭嘉湖地区农业和蚕桑生产的发展情况，对桑园和养蚕高产技术也做了切合实际的论述；《湖蚕述》分别就蚕具、栽桑、养蚕、上蔟、缫丝、蚕桑风俗等方面进行了详细论述。

宋元明清时期，咏蚕诗依然是文人墨客笔下常见的题材，他们借蚕寓意，抒发自己的情怀。如，宋人张俞的《蚕妇》云：

> 昨日入城市，归来泪满巾，遍身罗绮者，不是养蚕人。[①]

诗人描写了一位整日辛苦劳作，不经常进城，一直在乡下以养蚕卖丝为生的穷苦妇女的遭遇。深刻地反映了封建社会中的不合理现象：为者不得用，用者不肯为。充分表现出作者对当时社会的不满，表达了对劳动人民的深切同情。

又如，宋人谢枋得《蚕妇吟》云：

> 子规啼彻四更时，起视蚕稠怕叶稀。不信楼头杨柳月，玉人歌舞未曾归。[②]

这首诗描写了“蚕妇”和“玉人”两种截然不同的生活，将玉人和蚕妇置于同一时间内，借富贵人家的女人歌舞彻夜不归，来反衬蚕妇生活之辛苦。

又如，元代郝经《蚕》云：

> 作茧才成便弃捐，可怜辛苦为谁寒？不如蛛腹长丝

① 李定广：《中国诗词名篇赏析　下》，东方出版中心，2018，第91页。

② ［宋］谢枋得：《千家诗》，［清］王相编选，崇文书局，2015，第47页。

满，连结朱檐与画栏。[1]

此诗对蚕的遭遇深表同情，将歌颂的对象描写为同情怜悯的对象，从而写出了新意。诗中的蚕实际上喻指当时社会的下层劳动者，而蜘蛛使人想到上层统治者。

又如，明代高启《养蚕词》云：

> 东家西家罢来往，晴日深窗风雨响。三眠蚕起食叶多，陌头桑树空枝柯。新妇守箔女执筐，头发不梳一月忙。三姑祭后今年好，满簇如云茧成早。檐前缫车急作丝，又是夏税相催时。[2]

这首诗中，诗人形象地描绘了蚕农为养蚕而繁忙，见茧多而喜悦，怕夏税而担忧的复杂心情。蚕农辛辛苦苦，忙忙碌碌养蚕缫丝，所获收入都向官府纳了税，自己落个白忙活。诗人怀着深切的同情，揭露了官府苛捐杂税的沉重和对百姓敲诈勒索的残暴，因而具有一定的进步意义。

又如，清代郑任钥《春蚕词》云：

> 蚕月人家爱晴旭，纸筐分叶声满屋。三眠过后桑树稀，称来银茧缫为丝。山村日午缫车响，榆柳阴阴烟火迟。忆昔民间累苛派，新丝二月长先卖。近年儿女有完襦，急公更足偿私债。艰难衣食在农桑，年年拜祭马头娘。不辞小妇闺中苦，愿作山龙藻火裳。[3]

这首诗写出了蚕农养蚕缫丝的艰难，既要依赖时节的眷顾，还要承受着官府的层层盘剥，由此引发诗人心头沉重的愧

---

① 章荑荪：《辽金元诗选》，古典文学出版社，1958，第128页。

② 刘逸生：《高启诗选》，广东人民出版社，1985，第13页。

③ ［清］沈德潜：《清诗别裁集　中》，吉林出版集团股份有限公司，2017，第728页。

疚感。

蚕民俗的普遍流行，蚕书的大量出现以及咏蚕诗的丰富多彩是宋元明清蚕文化发展、成熟的标志。

第三节　蝉文化的进一步发展和成熟

宋元明清时代蝉文化在前代基础上继续丰富，并逐步走向成熟，成为特色鲜明的传统文化中的重要内容。

词这种文学体裁，从宋代开始流行起来，成为古代文人抒情达意的文学创作形式。蝉意象也频繁地出现在文人词作中，从而进一步开拓了蝉文化的表现领域，丰富了蝉文化内容。

宋词咏蝉作品数量多，质量高。据统计，《全宋词》中，出现蝉意象或者与蝉相关的文化习俗的词作就有350首左右。蝉意象在宋代文人笔下有着不同的内涵情韵，但总体上看，宋代咏蝉词延续了前代文学作品的情感类型，或以蝉自喻，或借蝉抒情，或闻蝉悲秋，或托蝉咏怀。

一是借蝉赞美人之高洁忠贞。如，张孝祥《水调歌头·泛湘江》云：

> 濯足夜滩急，晞发北风凉。吴山楚泽行遍，只欠到潇湘。买得扁舟归去，此事天公付我，六月下沧浪。蝉蜕尘埃外，蝶梦水云乡。
>
> 制荷衣，纫兰佩，把琼芳。湘妃起舞一笑，抚瑟奏清商。唤起九歌忠愤，拂拭三闾文字，还与日争光。莫遣儿辈觉，此乐未渠央。[①]

此词是词人因谗言被贬谪后泛舟湘江而作，词人以“蝉蜕尘埃外”表明其内心世界的清高与淡泊，以对屈原的赞颂含蓄委婉

① 《全宋词（三）》，中华书局，1965（1992重印），第427页。

地展示了作者高洁的情操。

二是借蝉表达离别相思之苦。如，柳永《雨霖铃》，词曰：

寒蝉凄切，对长亭晚，骤雨初歇。都门帐饮无绪，留恋处，兰舟催发。执手相看泪眼，竟无语凝噎。念去去，千里烟波，暮霭沉沉楚天阔。

多情自古伤离别，更那堪，冷落清秋节！今宵酒醒何处？杨柳岸，晓风残月。此去经年，应是良辰好景虚设。便纵有千种风情，更与何人说？①

一句“寒蝉凄切”，奠定了全词悲凉凄婉的感情基调。既从听觉的角度来表现词人与恋人即将离别的感伤，同时点明分别的时间乃是深秋，又将伤感的触角深入到了文人常见的悲秋传统，增强了词作文化的底蕴，使得这种分别更加悲凉伤痛。此外，“凄切”一词，运用拟人手法传达出寒蝉入秋后的声声悲鸣，为全词更添悲凉。此词对“蝉”意象的匠心运用，使之成为后世恋人送别词中的重要意象。

三是抒发怀旧伤时之感。如，欧阳修《玉楼春》，词曰：

蝶飞芳草花飞路。把酒已嗟春色暮。当时枝上落残花，今日水流何处去。楼前独绕鸣蝉树。忆把芳条吹暖絮。红莲绿芰亦芳菲，不奈金风兼玉露。②

词人通过秋蝉悲鸣的描写，渲染悲秋的元素，又通过与春天时节对比，流露出时光易逝、感时伤怀的悲凉。

四是抒发闲适之情。如，张先《南歌子》，词曰：

蝉抱高高柳，莲开浅浅波。倚风疏叶下庭柯。况是不寒不暖、正清和。浮世欢会少，劳生怨别多。相逢休

① 《全宋词（三）》，中华书局，1965（1992重印），第21页。

② 《全宋词（三）》，中华书局，1965（1992重印），第132页。

惜醉颜酡。赖有西园明月、照笙歌。[①]

张先善于捕捉生活中的细节，用细腻含蓄的语言将其再现。这首《南歌子》读来平淡却富有韵味，景物的刻画与情感抒发融合得毫无痕迹。“蝉抱高高柳，莲开浅浅波”一句，作者通过捕捉生活中的美好瞬间，把景色化静为动，蝉声喧闹，微波荡漾，给宁静的时光带来一股生命的活力，表现了自己闲适洒脱的情怀。

五是表现文人的爱国意识。每当社会动荡、王朝更迭之时，文人们往往托蝉言志、借蝉抒情，抒发自己的家国之思。宋末的周密、王沂孙、仇远分别有同调同题的《齐天乐・蝉》，都是这方面的代表作品。

周密《齐天乐・蝉》曰：

槐薰忽送清商怨，依稀正闻还歇。故苑愁深，危弦调苦，前梦蜕痕枯叶。伤情念别。是几度斜阳，几回残月。转眼西风，一襟幽恨向谁说。

轻鬟犹记动影，翠蛾应妒我，双鬓如雪。枝冷频移，叶疏犹抱，孤负好秋时节。凄凄切切。渐迤逦黄昏，砌蛩相接。露洗余悲，暮烟声更咽。[②]

王沂孙《齐天乐・蝉》曰：

绿槐千树西窗悄，厌厌昼眠惊起。饮露身轻，吟风翅薄，半剪冰笺谁寄。凄凉倦耳。漫重拂琴丝，怕寻冠珥。短梦深宫，向人犹自诉憔悴。

残虹收尽过雨，晚来频断续，都是秋意。病叶难留，纤柯易老，空忆斜阳身世。窗明月碎。甚已绝余

---

① 《全宋词（三）》，中华书局，1965（1992 重印），第 66 页。

② 《全宋词（五）》，中华书局，1965（1992 重印），第 510 页。

音，尚遗枯蜕。鬓影参差，断魂青镜里。[①]

仇远《齐天乐·蝉》曰：

夕阳门巷荒城曲，清间早鸣秋树。薄翦绡衣，凉生鬓影，独饮天边风露。朝朝暮暮。奈一度凄吟，一番凄楚。尚有残声，蓦然飞过别枝去。

齐宫往事谩省，行人犹与说，当时齐女。雨歇空山，月笼古柳，仿佛旧曾听处。离情正苦。甚懒拂冰笺，倦拈琴谱。满地霜红，浅莎寻蜕羽。[②]

这三首词都借用了“齐女化蝉”的典故，来表现家国之恨，身世之悲，意味隽永，引人深思。清代蒋敦复《芬陀利室词话》卷三云：“及碧山、草窗、玉潜、仁近诸遗民，乐府补遗中，龙涎香、白莲、莼、蟹、蝉诸咏，皆寓其家国无穷之感，非区区赋物而已。知乎此，则齐天乐咏蝉，摸鱼儿咏莼，皆可不续貂。”[③]

明清时期，蝉依然是文人诗词中经常歌咏之物。如，明代谢榛《咏蝉》云：

弱翅凌晨动，繁声向夕流。不知风雾里，还得几何秋。[④]

谢榛《四溟诗话》云：“景乃诗之媒，情乃诗之胚。”这首诗中，作者以蝉为媒，充分抒发了自己伤时感怀之情。

又如，明代金大舆《雨后闻蝉》云：

一雨生凉思，羁人感岁华。蝉声初到树，客梦不离

① 《全宋词（五）》，中华书局，1965（1992 重印），第 565 页。
② 《全宋词（七）》，中华书局，1965（1992 重印），第 307 页。
③ ［清］蒋敦复：《芬陀利室词话》卷三，光绪十一年彊园书局。
④ 周向涛：《历代题画诗雅集》，黄山书社，2010，第 200 页。

家。海北人情异，江南去路赊。故园儿女在，夜夜卜灯花。[①]

这首诗总体上的基调是恬静活泼、清新别致的，而蝉意象的运用又给诗歌增添了羁旅思乡之绵密情思。

又如，清代张问陶《蝉》云：

槐黄满地午阴迟，耐尽炎凉代序时。吟苦每邀秋士和，心清难语夏虫知。遍依碧树终无定，强伴金貂恐未宜。一枕故园风露冷，平芜落叶怅归期。[②]

此诗借蝉喻人，通过蝉的形象表达自己苦闷惆怅、漂泊无依的伤感之情。

又如，清代沈皞日《齐天乐·蝉》曰：

秋光双鬓又老，念簪冠欹侧，曾负兰约。木末溪边，高低断续，常伴峡猿皋鹤。羁愁作恶。是月冷灯残，翅寒声薄。渐咽霜天，梦归何处著。[③]

作者反思现状，借蝉抒情，表达了自己进退两难的彷徨，人生道路上的迷惑。

清代，以笼养蝉的风俗依然存在。清人陈淏子《花镜·养昆虫法》之“鸣蝉”条上云：“小儿多称马蛰，取为戏，以小笼盛之，挂于风檐或树杪，使之朗吟高噪，庶不寂寞园林也。”[④] 清逍遥子《后红楼梦》第十九回“林黛玉重兴荣国府，刘姥姥三进大观园”中写道：

---

① ［清］金大舆：《金子坤集》，甘肃文化出版社，2008，第 277 页。

② ［清］张问陶：《船山诗选》，周宇征编，书目文献出版社，1986，第 30 页。

③ 刘东海：《顺康词坛群体步韵唱和研究》，上海古籍出版社，2013，第 315 页。

④ ［清］陈淏子：《花镜》，农业出版社，1962 年修订版，第 444 页。

> 一日，王夫人、李纨、黛玉、宝钗、探春、惜春等正在上房，只见平儿带一个人，提了一篮野菜，一篮葡萄、沙果儿、山榴、红酸枣儿，又是好几个粟梗签成的小笼子，放些知了、蝈蝈儿，鼓翅踢脚吃着些丝瓜花儿。平儿便笑嘻嘻地说道："这是巧姐儿的干妈刘姥姥送来的，说这两篮野菜山果，送给太太尝个新，还有一袋的高粱，一袋的荞麦仁儿，这几个笼子送给小哥儿玩玩的。"①

清李斗《扬州画舫录》云："堤上多蝉，早秋噪起，不闻人语。长竿粘落，贮以竹筐，沿堤货之，以供儿童嬉戏，谓之'青林乐。'"② "青林乐"一语，自唐至清，一直在市井流传，可以看出捕蝉养蝉之风没有间断。

第四节　治蝗文化的进一步发展和成熟

宋元明清时期，治蝗文化更加丰富，捕蝗术有了进一步发展，捕蝗法规日趋完善。尤其是明清时期，出现了大量治蝗的农书，对我国民间的治蝗经验进行了全面的总结，标志着我国古代治蝗文化的成熟。

宋代蝗灾依然频发。据统计，在南北宋共计320年的统治时间里，两浙地区蝗灾共发生40余次，平均约7年一次，连续两年以上发生蝗灾的次数就有10余次。史书中对此多有记载：

> 天圣五年七月丙午，邢、洺州蝗。甲寅，赵州蝗。十一月丁酉朔，京兆府旱蝗。六年五月乙卯，河北、京

---

① ［清］逍遥子：《后红楼梦》，时代文艺出版社，2003，第190页。

② ［清］李斗：《扬州画舫录》卷十一，乾隆六十年李斗自然庵刻本。

东蝗。①

景祐元年六月，开封府、淄州蝗。诸路募民掘蝗种万余石。②

宝元二年六月癸酉，曹、濮、单三州蝗。四年，淮南旱蝗。是岁京师飞蝗蔽天。③

皇祐五年，建康府蝗。④

熙宁元年，秀州蝗。五年，河北大蝗。六年四月，河北诸路蝗。是岁，江宁府飞蝗自江北来。七年夏，开封府界及河北路蝗。七月，咸平县鸜谷食蝗。八年八月，淮西蝗，陈、颍州蔽野。九年夏，开封府畿、京东、河北、陕西蝗。⑤

一旦发生蝗灾，往往便意味着民不聊生、饿殍遍野，以至出现“食草根树皮”等极度饥荒或“民相食”“人吃人”等惨绝人寰的现象。

宋代人对待蝗灾，依然还是两种态度。一种是礼天敬神，通过祭祀的方式来解决。官方祭神消灾的方式叫“酺祭”或“祭酺”。史书记载：

崇宁元年夏，开封府界、京东、河北、淮南等路蝗。二年诸路蝗，令有司酺祭。⑥

建炎二年六月，京师、淮甸大蝗。八月庚午，令长吏修酺祭。⑦

绍兴二十九年八月，山东大蝗。癸丑，颁祭酺礼式。⑧

这种祭祀方式有统一的程式，并由官方主持，足见其严肃性。这样做的目的自然是为了确保消灾效果，然而，客观上讲，

①②③④⑤⑥⑦⑧ ［元］脱脱：《宋史·卷六十二·志第十五·五行一下》，乾隆四年武英殿刻本。

这种祭祀起不到应有的作用。

民间百姓则通过祭祀神灵来消除蝗灾。百姓求助的神灵中有一位驱蝗神，关于驱蝗神的原型，民间有多种说法。

有动物说。《夷坚支志》甲卷一云：

> 绍兴二十六年，淮、宋之地将秋收，粟稼如云，而蝗虫大起，翾飞蔽天，所过田亩，一扫而尽。未几，有水鸟名曰鹙，形如野鹜而高且大，胆有长嗉，可贮数斗物，千百为群，更相呼应，共啄蝗，不食而吐之，既吐复啄。才旬日，蝗无孑遗，岁以大熟。徐、泗上其事于虏廷，下制封鹙为护国大将军。[①]

有人物说，如裴度说。

> 裴晋公庙在州城东，祀唐相裴度。度知陕时，捕蝗有功，祀为蝗神。初庙在州河之隈，因河患，圮。明嘉靖间，州东陬以螟，告知州夏文宪祷于祠。不三日，螟尽死。明年，州西陬又以螟告，复祷立应。遂改建新祠于今地（郡人任庆云碑记），距州城八里。[②]

人物说中，更为流行的说法是刘猛将军说。关于刘猛将军这个称谓的含义，学者们还存在一定的分歧。

日本人伊藤清司在《民间信仰与民间故事》中说：

> 我认为，猛将军的"猛"字，既不是人名，也不是勇猛之意，其原义是蚱蜢的"蜢"，即糟蹋农作物的蝗虫之类。刘猛的"刘"字也不是姓，我推测它本来是杀戮之意（刘可作"杀"解）。因此，刘猛将军的本意是

---

① ［宋］洪迈：《夷坚支志》甲卷一，中华书局，1981 年涵芬楼本。

② 商洛地区地方志办公室：《直隶商州总志点注》，陕西人民教育出版社，1992，第 140－141 页。

击退、扑灭害虫的神灵。刘猛从宋代前后开始被假托为刘姓武将等特定的人物，其结果是出现了许多以历史人物刘某命名的刘猛将军故事。即人们把意为扑灭蚱蜢的刘蜢这个词误解为勇猛的刘姓历史人物，编造出了几种刘猛将军的故事，各地也随之传播了把刘某尊为驱蝗神的民间信仰。①

更为盛行的说法是，所谓的刘猛将军并非将军叫刘猛，而是姓刘的猛将军，具体是谁，也有多种说法。民间有刘韐、刘锜、刘锐、刘宰、刘承忠等说法。

其一说为刘韐。刘韐字仲偃，宋钦宗时，以资政殿学士出使金营，金人欲将其留用，刘仲偃不屈，自缢而死，是位有气节的宋臣。故《清嘉录》认为他“为神固宜”②。

其一说为刘锜。《如皋县志》载：“刘猛将军，即宋将刘锜，旧祀于宋。以北直、山东诸省常有蝗蝻之患，祷于将军，则不为灾。”③

其一说为刘锐。《识小录》称：“相传神刘锐，即宋将刘锜弟，殁而为神，驱蝗江淮间有功。”④

其一说为刘宰。刘宰字漫塘，南宋光宗时人。清代王应奎《柳南随笔·卷二》云：“俗传死而为神，职掌蝗蝻，呼为‘猛将’。江以南多专祠。”⑤

其一说为刘承忠。《铸鼎余闻·卷三》引《畿辅通志》云：“刘承忠为元末指挥使，有‘猛将’之号，江淮蝗旱，督兵捕蝗尽死。后因元亡，自沈于河，土人祠祀之。”⑥

---

① 任兆胜、胡立耘：《口承文学与民间信仰》，首届怒江大峡谷民族文化暨第三届中日民俗文化国际学术研讨会论文集，昆明，2007，第6页。

② ［清］顾禄：《清嘉录》，王昌东译，气象出版社，2013，第23页。

③ 郑晓江：《中国辟邪文化大观》上册，花城出版社，1994，第258页。

④ ［清］翟灏：《通俗编》上册，东方出版社，2013，第351页。

⑤ ［清］王应奎：《柳南随笔》，上海古籍书店，1983，第37页。

⑥ 尹协理：《中国神秘文化辞典》，河北人民出版社，1994，第518页。

民间祭祀刘猛将军的民俗大概从宋代就已经开始了。

> 元旦，坊巷乡村各为天曹神会，以赛猛将之神。相传神能驱蝗，故奉之。会各杂集老少为隶卒，鸣金击鼓，列队张盖，遍走城市。富家施以钱粟，至是日（正月二十日）乃罢，或罢于上元日。罢日，有力者装搬杂剧，极诸靡态，所聚不下千人。村间亦有为醵会者，先于岁暮人醵米五升，纳于当年会长，以供酒殽之费。至元日呼集，以少年为神仙公子，锦衣、花帽、羽扇、纶巾，余各装演杂剧，遍走村落。富家劳以酒食。或两会相遇于途，则鼓舞趋走，自成行列，歌唱答应，亦各有情致。至十一日，会长广列酒殽，凡在会者悉至，老者居上，少者居下，贱者居外，使稍通句读之人读《大诰》或《教民榜文》一条，然后酒行无算。连会三日而罢。①

可见，民间对刘猛将军的祭祀持续时间很长，各种各样的民间活动也是异彩纷呈，足见这一民俗的隆重性。这表明，民间百姓对这位驱蝗神格外重视，虔诚地希望他能够祛除蝗灾，让百姓安居乐业。

宋人应对蝗灾的另一种态度则是捕杀蝗虫。虽然，宋代还有不少人相信蝗灾是天降之灾，是对人间罪恶和贪官污吏的谴惩，需要依靠礼天敬神并行仁德之政的方式来消灾。不过，深受理学熏陶的不少宋儒还是具有相当的理性判断的，因而在对待蝗虫的态度上，并不是一味地归结为天数和失政，而是主张捕杀的。如，欧阳修《答朱寀捕蝗诗》云：

> 驱虽不尽胜养患，昔人固已决不疑。秉蟊投火况旧法，古之去恶犹如斯。既多而捕诚未易，其失安在常由

① 倪师孟：《震泽县志》，成文出版社，1970，第956页。

> 迟。诜诜最说子孙众，为腹所孕多蝗蚳。始生朝亩暮已顷，化一为百无根涯。口含锋刃疾风雨，毒肠不满疑常饥。高原下隰不知数，进退整若随金鼙。嗟兹羽孽物共恶，不知造化其谁尸。大凡万事悉如此，祸当早绝防其微。蝇头出土不急捕，羽翼已就功难施。只惊群飞自天下，不究生子由山陂。官书立法空太峻，吏愚畏罚反自欺。盖藏十不敢申一，上心虽恻何由知。不如宽法择良令，告蝗不隐捕以时。今苗因捕虽践死，明岁犹免为蝝苗。吾尝捕蝗见其事，较以利害曾深思。官钱二十买一斗，示以明信民争驰。敛微成众在人力，顷刻露积如京坻。乃知孽虫虽其众，嫉恶苟锐无难为。往时姚崇用此议，诚哉贤相得所宜。因吟君赠广其说，为我持之告采诗。[1]

古人经过长期观察发现，蝗虫产卵后，要经过冬季，来年天暖后才能卵化为成虫。于是，宋代人发明了“掘种”这种捕蝗术。所谓“掘种”，就是把蝗虫的卵挖出来毁掉，以防止其卵化为成虫为害。上述欧阳修的诗歌中，就包含有这种灭蝗方法。史书中也有这方面的记载：

> 《宋史》：“景祐元年春正月甲子……诏募民掘蝗种，给菽米。”又，景祐元年六月，开封府淄州蝗。诸路募民，掘蝗中万余石。又，“神宗熙宁七年癸巳，以常平米淮南西路易饥民所掘蝗种，又振河北东路流民。”[2]

宋代的捕蝗术集中记载于董煟的《救荒活民术》中。该书总结了当时行之有效的七条捕蝗方法。

---

① 张春林：《欧阳修全集》，中国文史出版社，1999，第108页。

② ［元］脱脱：《宋史》卷六十二《志第十五·五行一下》，乾隆四年武英殿刻本。

蝗在麦苗禾稼深草中者，每日侵晨，尽聚草梢食露，体重不能飞跃，宜用筲箕栲栳之类，左右抄掠，倾入布袋。或蒸焙、或浇以沸汤、或掘坑焚火，倾入其中。若只瘗埋，隔宿多能穴地而出，不可不知。

蝗最难死，初生如蚁之时，用竹作搭，非惟击之不尽，且易损坏，莫若只用旧皮鞋底或草鞋、旧鞋之类，蹲地掴搭，应手而毙，且狭小不损伤苗稼。一张牛皮，或裁数十枚，散与甲头，复收之。北人闻亦用此法。

蝗有在光地者，宜掘坑于前，长阔为佳，两旁用板及门扇接连八字铺摆，却集众用木板发喊，赶逐入坑。又于对坑用扫帚十数把，俟有跳跃而上者，复扫下，覆以干草，发火焚之。然其下终是不死，须以土压之，过一宿乃可（一法先燃火于坑，然后赶入）。

捕蝗不必差官下乡，非惟文具，且一行人从未免蚕食里正，其里正又只取之民户。未见除蝗之利，百姓先被捕蝗之扰，不可不戒。

附郭乡村即印捕蝗法作手榜告示。每米一升，换蝗一斗。不问妇人、小儿，携到即时交与。如此，则回环数十里内者，可尽矣。

五家为里，姑且警众，使知不可不捕。其要法只在不惜常平、义仓钱米，博换蝗虫，虽不驱之使捕，而四远自临凑矣。然须是稽考钱米必支，傥或减克邀勒，则捕者沮矣。国家贮积，本为斯民，今蝗害稼，民有饿殍之忧，譬之赈济，因以捕蝗，岂不胜于化为埃尘，耗于鼠雀乎。

烧蝗法：掘一坑，深阔约五尺，长倍之，下用干柴茅草。发火正炎，将袋中蝗虫倾下坑中，一经火气，无能跳跃。此《诗》所谓秉畀炎火是也。古人亦知瘗埋可复出，故以火治之。事不师古，鲜克有济。诚哉是言。

右件虽不仁之术，倘不屏除，则遗种昌炽，诚何以堪。姚崇所谓杀虫救人，祸归于崇，不以诿公，真贤相识见也。①

这里，作者把捕蝗术做了系统总结，对于捕蝗的时间、方法、工具等都一一做了具体介绍。

宋代，政府治蝗的力度大大增强，开始通过实施立法来治蝗。北宋时，就有了治蝗的法规。欧阳修上述诗歌中有这样的诗句："官书立法空太峻，吏愚畏罚反自欺。盖藏十不敢申一，上心虽恻何由知。不如宽法择良令，告蝗不隐捕以时。"这说明，当时已经有了捕蝗的立法，但具体内容和名称并没有被记载下来。到了宋神宗和宋孝宗时期，出现了有文献记载的世界上最早的治蝗法规，就是保留在《救荒活民书》中的《熙宁诏》和《淳熙敕》。《熙宁诏》云：

有蝗蝻处，委县令佐躬亲打扑。如地里广阔，分差通判、职官、监司、提举。仍募人得蝻五升或蝗一斗，给细色谷一斗；蝗种一升，给粗色谷二升。给价钱者作中等实值。仍委官烧瘗，监司差官员覆按。倘有穿掘打扑损苗种者，除其税，仍计价官给地主钱数。②

此诏书中有四个方面的内容：治蝗需地方官员及乡绅亲自督捕的规定；钱米易蝗的标准；复查治蝗及其上报的说明；治理过程中赔偿与免税问题。

一般来说，既然是法规，就会有奖励与惩罚两方面的规定。但熙宁诏只有奖励的措施，而没有惩罚的细则。《淳熙敕》更加

---

①② 王祖望、黄复生：《中华大典　生物学典　动物分典 4》，云南教育出版社，2015，第 832 页。

细化了各级负责人的权责。《淳熙敕》云：

> 诸虫蝗初生若飞落，地主邻人隐蔽不言，耆保不实时申举扑除者，各杖一百。许人告。当职官承报不受理，及受理而不即亲临扑除，或扑除未尽而妄申尽静者，各加二等。
>
> 诸官私荒田（牧地同）经飞蝗住落处，令佐应差募人取掘虫子，而取不尽，因致次年生发者，杖一百。
>
> 诸蝗虫生发飞落及遗子，而扑掘不尽，致再生长者，地主耆保各杖一百。
>
> 诸给散捕取虫蝗谷而减尅者，论如吏人乡书手揽纳税受乞财物法。诸系公人因扑掘虫蝗，乞取人户财物者，论如重禄公人因职受乞法。
>
> 诸令佐遇有虫蝗生发，虽已差出而不离本界者，若缘虫蝗论罪，并依在任法。[①]

这条敕令中的条款旨在保障捕蝗法的推行和督责地方官吏及乡役人员秉公办理捕蝗事宜，防止他们不作为或借机贪污。这些法律条款对地方官吏具有很大的震慑力。

明清时期，蝗灾发生依然频繁。据张学珍等《1470—1949年山东蝗灾的韵律性及其与气候变化的关系》一文统计，在1470—1929年这四百多年间，仅山东省就发生了大小蝗灾1 174次。

这一时期，依然有不少文人相信蝗灾的发生与否取决于统治者是否失德失政以及民风是否败坏。如，《皇朝经世文编》载：

> 蝗之为灾，其害甚大。然所至之处，有食有不食，

① 王祖望、黄复生：《中华大典　生物学典　动物分典 4》，云南教育出版社，2015，第833页。

虽田在一处，而截然若有界限。是盖有神焉主之，非漫然而为灾也。然所谓神者，非蝗之自为神也，又非有神焉为蝗之长，而率之来率之往，或食或不食也。蝗之为物，虫焉耳。其种类多，其滋生速，其所过赤地而无余。则其为气盛，而其关系民生之利害也深，地方之灾祥也大。是故所至之处，必有神焉主之。是神也，非外来之神，即本处之山川、城隍、里社、厉坛之鬼神也。

神奉上帝之命，以守此土，则一方之吉凶、丰歉，神必主之。故夫蝗之去，蝗之来，蝗之食与不食，神皆有责焉。此方之民而为孝弟、慈良、敦朴、节俭，不应受气数之厄，则神必佑之，而蝗不为灾；此方之民而为不孝、不弟、不慈、不良、不敦朴节俭，应受气数之厄，则神必不佑，而蝗以肆害。抑或风俗有不齐，善恶有不类，气数有不一，则神必分别而劝惩之，而蝗于是有或至或不至，或食或不食之分。是盖冥冥之中，皆有一前定之理焉，不可以苟免也。……愚以为今之欲除蝗害者，凡官民士大夫皆当斋祓洗心，各于其所应祷之神，洁粢盛，丰牢醴，精虔告祝，务期改过迁善，以实心实意祈神佑。①

《钦定康济录》卷四亦云：

良守之所在，蝗必避其境而不入。故有救民之责者，果能以生民为己任，省刑罚，薄税敛，直冤枉，急赈济，洗心涤虑，虽或有蝗，亦将归于乌有而不为

① ［清］魏源：《魏源全集》，岳麓书社，2004，皇朝经世文编，第440－441页。

害矣。[①]

在这些文人们看来，要想避免蝗灾，就需要统治阶级广兴仁政，这样，天神自然庇佑。

清代官方对刘猛将军祭祀的态度发生了转变，先是作为民间杂祀而严禁，后来看到有利于其统治，又将其列入官方祭祀。

清代王士祯《池北偶谈》卷四《谈故四》“毁淫祠”条载，康熙二十五年（1686），江苏巡抚汤斌，就曾把刘猛将军的祭祀列为淫祀而奏请严禁，得到康熙帝的赞许。但对刘猛将军的祭祀已经深深根植于民间的信仰中，根本不可能完全禁绝。面对蝗灾的侵袭，束手无策的政府也只好转而扶持这种信仰了。据乾隆十二年（1747）敕修《清朝文献通考》卷一百零五《群祀》载：“雍正二年立刘猛将庙”。该卷并收雍正三年（1725）的一道“谕旨”：

> 旧岁（按：指雍正二年，1724）直隶总督李维钧奏称：畿辅地方，每有蝗蝻之害，土人虔祷于刘猛将军之庙，则蝗不为灾。朕念切痌瘝，凡事之有益于民生者，皆欲推广行之。且御灾捍患之神，载在祀典，即《大田》之诗亦云：“去其螟螣，及其蟊贼，无害我田稺。田祖有神，秉畀炎火。”是蝗蝻之害，古人亦未尝不藉神力，以为之驱除也。因以此意，曾密谕数省督抚留意，以为备蝗之一端。今两江总督查弼纳奏称：江南地方有为刘猛将军立庙之处，则无蝗蝻之害；其未曾立庙之处，则不能无蝗。此乃查弼纳偏狭之见，讽朕专恃祈祷，以为消弭灾祲之方也。[②]

① 李文海、夏明方：《中国荒政全书　第2辑》第一卷，古籍出版社，2004，第440页。

② 席裕福、沈师：《皇朝政典类纂》，文海出版社，1974，第5760页。

这道谕旨表明，刘猛将军作为驱蝗神得到了国家认可，与之相关的祭祀正式列入国家祀典之中。

明清时期出现了许多治蝗的专书，书中总结了以往的治蝗经验，并有所创新。

明代徐光启《除蝗疏》共有九条，后四条讲的是捕蝗术。分别为："昔人治蝗之法""先事消弭之法""除蝗办法""后事剪除之法"，这些条目具体描述了对幼虫、成虫及蝗卵的不同处理办法。

清代的治蝗书更是大量出现。这类书中大多记录的是地方官员总结的治蝗经验，流传很广，保存至今的还有20多种。

比如，陈芳生《捕蝗考》，这是现存最早一部捕蝗专著，内容分为"备蝗事宜"和"前代捕蝗法"两部分。前部分共有十条，前三条录自徐光启的《除蝗疏》，后七条取自董煟《救荒活民书》中的"捕蝗法"，并附上谢绎"论蝗"一节，后部分列述宋、元、明三代捕蝗史实以及徐光启《除蝗疏》的部分内容，最后殿以陈龙正所说"蝗可和野菜煮食"以及陈芳生"自识"各一条。

又如，陈仅《捕蝗汇编》，全书四卷，书前载有康熙皇帝的《捕蝗说》，后续内容依次为"捕蝗八论""捕蝗十宜""捕蝗十法""史事四证"和"成法四证"。全书内容基本上辑自前人著作，其所征引的四种成法源于马源《捕蝗记》、陆世仪《除蝗记》、李钟份《捕蝗法》和任宏业《布墙捕蝻法》。该书为后人了解捕蝗法提供了有价值的参考资料，书中也间杂有撰者的按语，注明了作者自己的见解。

又如，顾彦《治蝗全法》，书中记载了清代捕蝻和捕蝗器械的新发展。"工欲善事，必先利器。凡捕蝻之器，莫妙于条拍，其制以皮编直条为之，如无皮，则以麻绳代。"[1] 捕蝻利器除编

---

① 郭文韬等：《中国农业科技发展史略》，中国科学技术出版社，1988，第411页。

皮直条或编麻绳为条拍外，则惟旧鞋底或旧鞋、草鞋为最善；捕蝗的利器则有箔箕，海兜；驱蝗的利器则是五色旌旗、长竹、铜锣、火炮、鸟枪、铁铳，火药、铅弹、砂子；烧蝗则应用柴草。这些器械一般均为官府置备，捕蝗时，与民使用，用后收回，藏备后用。

由于宋代已制定了严明的捕蝗法令，因而明清两代基本上是延承旧制，创新并不多。但明清统治者对治蝗的重视程度比前代更高。《明会典》云：

> （永乐九年）令吏部行文各处有司，春初差人巡视境内，遇有蝗虫初生，设法扑捕，务要尽绝。如是坐视，致使滋蔓为患者，罪之。若布按二司官不行严督所属巡视打捕者，亦罪之。每年九月行文。至十月再令兵部行文军卫。永为定例。①

乾隆十八年颁布了捕蝗法令：

> 州县卫所官员，遇蝗蝻生发，不亲身力行扑捕，借口邻境飞来，希图卸罪者，革职拿问；该管道府不速催扑捕者，降三级留任；布政使不行查访速催扑捕者，降二级留任；督抚不行查访严饬催捕者，降一级留任；协捕官不实力协捕，以致养成羽翼，为害禾稼者，将所委协捕各官革职。该管州县地方，遇有蝗蝻生发，不申报上司者革职。道府不详报上司，降二级调用；布政使司不详报上司，降一级调用；布政使司详报，督抚不行题参，将督抚降一级留任。②

---

① 王祖望、黄复生：《中华大典　生物学典　动物分典 4》，云南教育出版社，2015，第 843 页。

② 李文海、夏明方、朱浒：《中国荒政书集成》第 4 册，天津古籍出版社，2010，第 2088 页。

可见，清代时，对各级官员关于捕蝗的权责、执行办法有了更细致的要求。形成了由总督、巡抚、布政使、道府、州县官组成的自上而下的监管体系，治蝗的责任层层分摊，下层官员治蝗不力，往往牵涉上级官员连累处罚，形成纵向连带责任机制。

第五节　蝴蝶文化的进一步发展和成熟

宋元明清时期，词的兴起扩展了咏蝶文学的表现形式，蝴蝶意象获得了更大的展示空间，蝴蝶题材诗词的继续繁荣推动了蝴蝶文化的发展。在民俗文化领域，从宋代开始，化蝶情节融入了梁祝传说，赋予其更饱满的文化内涵，至清代，梁祝的爱情故事基本定型。可以说，宋元明清时期是蝴蝶文化进一步发展并走向成熟的阶段。

宋元明清时期咏蝶文学颇为繁荣，出现了很多优秀的作品。作者通过这些作品表达了多种思想情感。

一是以蝴蝶歌咏爱情。如，宋代薛季宣《游祝陵善权洞诗》云：

> 万古英台面，云泉响珮环。练衣归洞府，香雨落人间。蝶舞凝山魄，花开想玉颜。几如禅观适，游魶戏澄湾。左右蜗蛮战，晨昏燕蝠争。九星宁曲照，三洞独何营。世事嗟兴衰，人情见死生。阿谁能种玉，还尔石田耕。[①]

诗人通过蝴蝶纷飞的美好画面，对梁山伯与祝英台这对情侣世间少有的痴情绝恋进行了歌颂。

二是通过描写蝴蝶的美艳，抒发内心闲适之情。如苏轼《鬼

---

① [宋] 薛季宣撰《薛季宣集》，张良权点校，上海社会科学院出版社，2003，第36页。

蝶》云：

双眉卷铁丝，两翅晕金碧。初来花争妍，忽去鬼无迹。①

这首小诗真可以说是描写蝴蝶的经典之作。诗歌前两句描写了蝴蝶的头部和翅膀，形象说明了蝴蝶的五彩缤纷，色彩斑斓，突出了它们的美丽。后两句想象奇特，拟人手法的运用更丰富了它的内涵。蝴蝶飞来飞去，百花都为蝴蝶的美丽所倾倒，它们争奇斗艳，想获得蝴蝶的欢心和喜爱。“忽去鬼无迹”一句抓住蝴蝶“鬼”的特点，突出了它来无影、去无踪，如鬼使神差般飘忽不定的生活习性。

又如，陆游《窗下戏咏》云：

何处轻黄双小蝶，翩翩与我共徘徊。绿荫芳草佳风月，不是花时也解来。②

作者把嬉戏飞舞的一双蝴蝶当作自己的知交故友，喜爱之情溢于言表。

宋代诗人尤以谢逸最为痴迷于蝶。据《诗话总龟前集》卷六记载：

谢学士吟《蝴蝶诗》三百首，人呼为“谢蝴蝶”，其间绝有佳句，如：“狂随柳絮有时见，舞入梨花何处寻?”又曰：“江天春晚暖风细，相逐卖花人过桥。”古诗有“陌上斜飞去，花间倒翅回”，又云：“身似何郎贪傅粉，心如韩寿爱偷香。”终不若谢句意深远。③

---

① ［宋］苏东坡：《苏东坡全集》第1卷，燕山出版社，2009，第270页。

② 张春林：《陆游全集　下》，中国文史出版社，1999，第1142页。

③ 谭邦和：《美意诗情　历代诗话小品》，崇文书局，2017，第182－183页。

元曲中亦多有对蝴蝶的咏唱。如，关汉卿的《中吕·普天乐》云：

> 母亲呵，怕女孩儿春心荡，百般巧计关防，倒赚他鸳鸯比翼，黄莺作对，粉蝶成双。[1]

又如，郑元佑《花蝶谣·题舜举画》云：

> 花魂迷春招不归，梦随蝴蝶江南飞。碧蕤粉香酣不起，卧帖芳茵唾铅水。痴娥眼娇错惊顾，解裙戏扑沾零露。折钗搔首笑相语，阿谁芳心同栩栩。颓云流光空影寒，冰波缄恨啼阑干。[2]

又如，无名氏《双调·清江引·咏所见》云：

> 后园中姐儿十六七，见一双胡蝶戏。香肩靠粉墙，玉指弹珠泪。唤丫鬟赶开他别处飞。[3]

再如，元代贾蓬莱《咏蝶》云：

> 薄翅凝香粉，新衣染媚黄，风流谁得似，两两宿花房。[4]

这些曲子和诗歌把一双双蝴蝶当作一对对恋人、一对对夫妻来写，表现了痴情男女对美好爱情的羡慕与追求，大胆率真而热切，令人怦然心动。

明代文人对蝴蝶的喜爱，从一则笔记中可看出端倪。龚炜

---

① 徐征、张月中、张圣洁：《全元曲》第一卷，河北教育出版社，1998，第678页。

② 顾嗣立：《元诗选》初集，中华书局，1987，第1840页。

③ 张月中、王钢：《全元曲　上》，中州古籍出版社，1996，第3165页。

④ 毛文芳：《中国历代才媛试诗选》，李晏菁等注释，台湾学生书局，2011，第137页。

《巢林笔谈》卷一《县令好蝶》记载：

> 明季如皋令王某，性好蝶。案下得笞罪者，许以输蝶免。每饮客，辄纵之以为乐。时人为之语曰："隋堤萤火灭，县令放蝴蝶。"①

明代咏蝶诗歌中，以高启《美人扑蝶图》最具代表性：

> 花枝扬扬蝶宛宛，风多力薄飞难远。美人一见空伤情，舞衣春来绣不成。乍过帘前寻不见，却入深丛避莺燕。一双扑得和落花，金粉香痕满罗扇。笑看独向园中归，东家西家休乱飞。②

正在绣花的怀春少女，看到一群蝴蝶翩翩飞来，不禁触景生情，引发了自己的情思，于是起身于花丛中扑蝶。几经努力，终于扑得一双，高兴之余，发现身上已经沾满了花香，余下的蝴蝶栩栩然飞出花园。全诗描绘了一个天真活泼而又多情的少女形象，颇为生动有趣。

清代诗人咏蝶佳作很少，偶有含蝶意象出现。如，孙枝蔚《遭困苦道旁行乞莫相嗔》云："欲觅桃源聊避乱，还凭蝶梦暂宽愁。"③ 借蝶梦补偿现实的残酷，慰藉心中的痛苦，缓解心里的压力。又如，史承豫《咏梁祝》云：

> 读书人去剩荒台，岁岁春风长野苔。山上桃花红似

---

① 钱泳、黄汉、尹元炜、牛应之：《笔记小说大观 33 编》第 5 册《巢林笔谈》卷 1，江苏广陵古籍刻印社，1983，第 16 页。

② 张毅、陈翔：《明代著名诗人书画评论汇编　上》，南开大学出版社，2016，第 71 页。

③ 王晓伟：《倾国倾城　史上最惊艳诗词》，华中师范大学出版社，2011，第 144 页。

火，双双蝴蝶又飞来。①

这首诗是对流传千古的梁祝化蝶凄美爱情的咏唱，生动形象，令人动容。

宋元明清时期，梁祝爱情故事进一步完善。

梁祝爱情故事最为感动人的就是关于他们死后化蝶的传说。而化蝶的情节并非从故事的一开始就有的。就目前的资料来看，最早在梁祝传说中提到蝴蝶的为宋代薛季宣的《游祝陵善权洞》。诗曰："万古英台面，云泉响珮环。练衣归洞府，香雨落人间。蝶舞凝山魄，花开想玉颜。"②

这里并没有指出蝴蝶与梁祝有何种关系。真正提出梁祝化蝶的是清代吴骞《桃溪客语》引宋代咸淳四年（1268）常州知州史能之主纂的《咸淳毗陵志》。文曰："昔有诗云，'蝴蝶满园飞不见，碧鲜空有读书坛。'俗传英台本女子，幼与梁山伯共学，后化为蝶，事类于诞。"③

由于梁祝爱情故事在宋代流传非常广泛，以至于宋词中有词牌《祝英台近》，苏轼、辛弃疾、吴文英等大家皆填过此词。这种影响一直到明清时期，明谷兰宗《祝英台近·祝英台读书处》词云：

草垂裳，花带靥，春笋细如箸。窈窕岩扉，苔印读书处。看他墨洒烟云，光流霞绮，更谁伴、儒妆容与。

无尘虑，恰有同学仙郎，窗前寄冰语。芝砌兰阶，便作洞房觑。只今音杳青鸾，穴空丹凤，但蝴蝶、满园飞去。④

① 潘超、丘良任、孙忠铨：《中华竹枝词全编 3》，北京出版社，2007，第485页。

② ［宋］薛季宣撰《薛季宣集》，张良权点校，上海社会科学院出版社，2003，第36页。

③ ［清］吴骞：《桃溪客语》卷二，上海博古斋，影印本，1922。

④ 马大勇：《史承谦词新释辑评》，中国书店出版社，2007，第98页。

梁祝化蝶的爱情故事是中国民俗文化的一个重要组成部分，通过民间百姓丰富的审美想象，这一故事的情节越来越精彩生动，形象地演绎和诠释了民俗文化的丰富内涵，而一代又一代民众的口耳相传则影响和促进了优秀的民俗文化精神的传承和发扬。

梁祝化蝶的爱情故事之所以流传如此深远，成为一种全国性的民俗文化事象，最为关键的就是其"化蝶"情节的植入。化蝶情节扎根于我国传统民俗文化的土壤之中，迎合了中国大众的审美要求，反映了民众对美好社会理想的追求和向往。

我国民俗文化中，蝴蝶历来被视作传统的吉祥物，它象征着生活的自由、爱情的永恒和生命的不朽。梁祝化蝶的故事生动而传奇地外现了我国民俗文化的上述内涵，成为我国民俗文化中的经典内容。

第一，梁祝化蝶故事象征着民众对自由生活的向往。

陶渊明《归园田居》云："少无适俗韵，性本爱丘山。误落尘网中，一去三十年。羁鸟恋旧林，池鱼思故渊。"① 自由的生活是每一个人都向往的，然而现实生活却往往使人们陷于凡世间的烦琐当中，无法摆脱尘世的纷纷扰扰。如卢梭在《社会契约论》中所说："人生而自由，却又无往不在枷锁之中。"②

因而，在人们的眼里，那些可以自由地在花丛中起舞，无忧无虑，悠闲自得地穿梭于花草之中的蝴蝶，是多么的令人羡慕！于是大家从这里得到某种联想，化身为蝴蝶会是一件多么美好的事情！特别是当情感受到某种压制而无处宣泄的时候，这种对蝴蝶的向往就表现得更加强烈。因此，从道家的庄周梦中化蝶开始，我国民俗文化中就有了许多化蝶的故事，这些故事反映了民众对自由无忧生活的向往和追求。梁山伯与祝英台受到封建

① ［晋］陶潜：《陶渊明集》卷二《诗五言》，商务印书馆，1919年四部丛刊初编本。

② 〔法〕卢梭：《社会契约论》，何兆武译，商务印书馆，1994，第8页。

礼教的种种约束，不能享受自由自在的生活，而死后化蝶则让他们在彼岸世界里拥有了生前向往而不能实现的无忧无虑的自在生活。进而成为千百年来，民间百姓憧憬自由生活的绝妙象征。

同时，这一故事还反映了我国民众乐观向上的民族精神。中国人有崇尚大团圆的审美心理，所以许多戏曲小说往往是大团圆的结局。同样在民间文学里，这种架构手法也屡见不鲜。对此，学者们多有论述。王国维在《〈红楼梦〉评论》中认为："吾国人之精神，世间的也，乐天的也，故代表其精神之戏曲小说，无往而不著此乐天之色彩，始于悲者终于欢，始于离者终于合，始于困者终于亨。"[①] 他用国人的乐观主义精神来解释了"大团圆"结局。

梁祝故事的结尾用蝴蝶双飞来象征一种美满、自由，与戏曲小说中传统的大团圆结局相较，是一种新颖的表现形式。梁山伯与祝英台生前没有获得的自由，而在死后最终得以实现，他们成为夫妻——翩翩起舞的蝴蝶夫妻。在这种浪漫主义色彩的映照下，我国民俗文化中所蕴藏的乐观向上的民族精神也得以淋漓尽致地表现。

第二，梁祝化蝶故事表现了民众对自由爱情的追求。

梁祝的爱情故事最感人之处，莫过于二人的爱情悲剧。爱情是男女之间最美好的感情之一，对美好爱情的渴望是人之常情。"在天愿为比翼鸟，在地愿为连理枝。"[②] 然而，生活中美好的爱情理想往往与现实产生冲突，而难以实现，有时甚至会遭到毁灭性的打击，而成为令人唏嘘扼腕的悲剧。"天长地久有时尽，此恨绵绵无绝期。"[③] 爱情是文学作品的永恒主题，作家往往通过文学创作来表现美好的爱情理想和价值。民间文学作品也不例外，民众所创造的许多动人的爱情故事中，男女主人公往往冲

① 王国维：《红楼梦评论》，浙江古籍出版社，2012，第13页。

②③ ［清］彭定求：《全唐诗》卷四百三十五，康熙四十五年扬州诗局刻本。

破世俗门当户对的传统观念，大胆地追求自由的爱情。而这些爱情故事，大部分都以悲剧结尾，但他们对爱情执着追求的精神是不朽的。他们死后，往往通过某种浪漫的方式延续自己的爱情，或变成云与丈夫会面；或变成一对星星在空中永远爱恋亲近；或变成两棵树，枝叶交通，永成连理；或变成鸟儿，双飞双宿。

梁祝爱情故事就是属于这样一种类型的民间文学作品。梁祝之间至诚至真的爱情，在故事中被如诗如画地得以形象展现，梁祝下山，十八相送的情节刻画，令人过目难忘。然而，现实生活却给这段美好的爱情设置重重障碍，有情人难成眷属，成为人间悲剧。但是梁祝故事并没有停留于此，而是植入了化蝶情节，这一情节起到了画龙点睛的作用，其中所蕴含的人们向往自主婚姻和对未来美好前景追求的文化信息，是具有积极意义的。

第三，表现了一种灵魂不死的民俗意识。

梁祝爱情在现实生活中被无情地摧折，彼此相爱的深情在人间受尽阻挠，而来世又是那么的虚无缥缈。于是崇尚现实、乐观向上的中国百姓就有了让有情人死后化蝶、永不离分的浪漫想象。这种形式的长相厮守，象征着生命的超越，意味着生生不息的生命过程的延续，反映了“灵魂不死”的民俗意识，这让浪漫爱情甚至获得了比现实人生更长久的存在。这个故事，映现了民俗文化中，百姓对至爱深情牢不可破的坚定信仰、坚定意念和美好的祈愿。

梁山伯、祝英台一对情人生不能相厮相守，死后双双化为蝴蝶，翩翩起舞，永远地双宿双飞，不再离分，正是“至情”的演绎。正如汤显祖在牡丹亭《题词》中云：“情不知所起，一往而深。生者可以死，死可以生。生而不可与死，死而不可复生者，皆非情之至也。”① 这种至死不渝、悲天悯人的爱情，成为后人

---

① ［明］汤显祖：《牡丹亭》，王德保、尹蓉评注，邹自振主编，百花洲文艺出版社，2015，第1页。

创作取之不尽的题材，各种形式的作品可谓层出不穷。如，元曲四大家之一白朴的杂剧《祝英台死嫁梁山伯》，明代《无名氏传奇》中的《同窗记》《访友记》《还魂记》等。各种地方戏曲中，有关梁祝的故事更是琳琅满目。如秦腔《双蝴蝶》、越剧《梁山伯与祝英台》、京剧《英台抗婚》等。还有弹词、宝卷、评书等曲艺形式中，梁祝故事也是重要题材。小说则有冯梦龙《古今小说》中的《李秀卿义结黄贞女》等。

西席尔·夏波曾说："民间故事乃是一种民族的产物，它反映整个社会的情感和趣味，它随时在溶解，它的创造永远不会达到止境。在它的任何历史阶段中，它总是同时生存在许多形式里。它是由民众流传的，而在流传的过程中根据人民的喜好在不断地改变，往往与该地的民俗文化维持相当的关系。"[①] 在这一过程中，"民间传说升华为，熔铸为地方信仰，同时还融入民间习俗中；信仰和习俗又为传说的流布助长了势头、增添了翅膀。"[②]

因此，梁祝故事就好像一棵树苗，在民俗文化的土壤中，被人们不断地浇水、施肥，变得枝繁叶茂，在清代就已经具备了较为完整的故事情节。

清光绪《宜兴荆溪县新志》卷九《古迹志遗址》有邵金彪《祝英台小传》：

> 祝英台，小字九娘，上虞富家女。生无兄弟，才貌双绝。父母欲为择偶，英台曰："儿出外求学，得贤士事之耳。"因易男装，改称九官。遇会稽梁山伯亦游学，遂与偕至宜兴善权寺之碧鲜岩，筑庵读书，同居同宿。三年，而梁不知为女子。临别梁，约曰："某月日可相访，将告母，以妹妻君。"实则以身许之也。梁家贫，

---

① 刘树山：《"梁祝"的民俗学意义和原型意义》，《阜阳师范学院学报（社会科学版）》2006 年第 5 期。

② 刘魁立：《梁祝传说漫议》，《民间文化论坛》2006 年第 1 期。

> 羞涩畏行，遂至衍期。父母以英台许马氏子。后梁为鄞令，过祝家询九官。家童曰：“吾家但有九娘，无九官。”梁惊语，以同学之谊乞一见。英台罗扇遮面，出身一揖而已。梁悔念而卒，遗言葬清道山下。明年，英台将归马氏，命舟子迂道过其处。至则风涛大作，舟遂停泊。英台乃造梁墓前，失声恸哭，地忽开裂，坠入茔中。绣裙绮襦，化蝶飞去。丞相谢安闻其事于朝，请封为义妇冢，此东晋永和时事也。齐和帝时，梁复显灵异，助战有功，有司为立庙于鄞，合祀梁祝。其读书宅称碧鲜庵。齐建元间，改为善权寺。今寺后有石刻，大书“祝英台读书处”。寺前里许，村名祝陵。山中杜鹃花发时，辄有大蝶双飞不散，俗传是两人之精魂。今称大彩蝶尚谓“祝英台”云。①

此后，梁祝故事通过人们口头讲述、文学作品、书籍文献等多种形式广泛传播，传遍了中国大江南北。

第六节　蝈蝈文化的进一步发展和成熟

宋代蝈蝈文化有了进一步发展，人们开始养玩蝈蝈，宋徽宗的《白菜蝈蝈图》就是很好的证明。明清时代蝈蝈文化繁荣兴盛，逐步成熟，从宫廷到民间，养玩蝈蝈已经十分流行。

人们养玩蝈蝈，一方面是为了欣赏其鸣声。

明代人们养玩蝈蝈的情况，在很多文献中都有记载。袁宏道《促织志・论似》云：“又有一种似蚱蜢而身肥大，京师人谓之聒聒，亦捕养之，南人谓之纺织娘，食丝瓜花及瓜穰，音声与促织

① 宜兴市政协学习和文史委员会、宜兴市华夏梁祝文化研究会：《史料与传说》，方志出版社，2003，第155页。

相似，而清越过之。余尝畜二笼，挂之帘间露下，凄声彻夜，酸楚异常，俗耳为之一清。少时读书杜庄，晞发松林，景象如在目前，自以蛙吹鹤唳不能及也。”[①] 明代刘侗、于奕正《帝京景物略》云：“有虫，便腹青色，以股跃，以短翼鸣，其声聒聒，夏虫也，络纬是也。昼而曝，斯鸣矣；夕而热，斯鸣矣。秸笼悬之，饵以瓜之瓤，以其声名之曰聒聒儿。”[②]

清代养玩蝈蝈之风更加盛行。潘荣陛《帝京岁时纪胜》曰：“少年子弟好畜秋虫，曰蛞蛞。……此虫夏则鸣于郊原，秋日携来，笼悬窗牖，以佐蝉琴蛙鼓，能度三冬。以雕作葫芦，贮而怀之。食以嫩黄豆芽、鲜红萝卜，偶于稠人广座之中，清韵自胸前突出，非同四壁蛩声助人叹息，而攸攸然自得之甚。”[③]

这一时期，养玩蝈蝈的流行和皇帝爱好蝈蝈也有很大关系。从康熙，乾隆直到宣统，许多皇帝都喜欢蝈蝈。康熙帝玄烨有一首题为《络纬养至暮春》的五律：

> 秋深厌聒耳，今得锦囊盛。经腊鸣香阁，逢春接玉笙。物微宜护惜，事渺亦均平。造化虽流传，安然此养生。[④]

从诗歌可以看出，康熙帝所咏的蝈蝈不是野生的，而是人工养殖的，因为野生的蝈蝈生存期不可能有那么长。由于皇帝实在太喜爱蝈蝈了，宫中便设暖室孵育蝈蝈。乾隆帝的《咏络纬》可以证明这一点。

> 群知络纬到秋吟，耳畔何来唧唧音。却共温花荣此日，将嗤冷菊背而今。夏虫乍可同冰语，朝槿原堪入朔

---

① 白峰：《蟋蟀古谱评注》，上海科学技术出版社，2013，第132页。

② 王世襄：《蟋蟀谱集成》，生活·读书·新知三联书店，2013，第58页。

③ 王碧滢、张勃标点《燕京岁时记 外六种》，北京出版社，2018，第56页。

④ 《御制文 第四集》卷三十五，康熙五十三年武英殿刻本。

寻。生物机缄缘格物，一斑犹见圣人心。[①]

乾隆帝对蝈蝈的喜爱程度不亚于康熙，《榛蝈》诗曰：

啾啾榛蝈抱烟鸣，亘野黄云入望平。雅似长安铜雀噪，一般农候报西风。蛙生水族蝈生陆，振羽秋丛解寒促。蝈氏去蛙因错注，至今名像混秋官。[②]

把蝈蝈誉为“秋官”，确是把蝈蝈捧得高极了，可见，乾隆帝对蝈蝈的喜爱程度之深。

帝王对蝈蝈的喜爱也影响到了民间百姓，清代各阶层民众中拥有非常多的蝈蝈迷。清代词人郭麟有一首《琐寒窗·咏蝈蝈》，词曰：“络纬啼残，凉秋已到，豆棚瓜架。声声慢诉，似诉夜来寒乍。挂筠笼，晚风一丝，水天儿女同闲话”[③]。清顾禄《清嘉录》载：“秋深，笼养蝈蝈，俗呼为‘叫哥哥’，听鸣声为玩。藏怀中，或饲以丹砂，则过冬不僵。笼刳干葫芦为之，金镶玉盖，雕刻精致。”[④] 这说明，养蝈蝈之风在清朝很盛，尤其是冬蝈蝈更是为人们津津乐道。

自清代时起，官宦人家都喜爱聆听蝈蝈清脆的叫声，特别是在冬季里。每逢雪季，他们都要聚集在一处，把各自的蝈蝈摆放在温暖的房间里，一边赏雪，一边享受蝈蝈悦耳的歌声。这个习俗也成了当时平民百姓们冬日里的一大乐事。[⑤] 王世襄曾经描写过大家聚会听蝈蝈鸣声的场面：

养虫家性情习惯，各不相同。有斗室垂帘，夜床攲

---

①② ［明］朱彝尊、于敏中：《日下旧闻考》卷一百五十一，乾隆五十三年武英殿刻本。

③ 尤振中、尤以丁：《清词纪事会评》，黄山书社，1995，第521页。

④ ［清］顾禄：《清嘉录》，王湜华、王文修注释，中国商业出版社，1989，第206页。

⑤ 曹成全：《养玩蝈蝈》，中国农业出版社，2009，第30页。

> 枕，独自欣赏者。有一年四季，每日到茶肆。与老友纵谈古今天下事，冬日虽携虫来，其鸣声如何实不甚介意者。有既爱己之虫。亦爱人之虫，如有求教，不论童叟，皆竭诚相告，应如何养，如何粘，虽百问而不烦者。更有无好虫则足不出户，有好虫始光顾茶馆，不仅听人之虫，且泥人听己之虫，必己虫胜人虫，始面有喜色而怡然自得者。当年如隆福寺街之富友轩，大沟巷之至友轩，盐店大院之宝和轩，义懋大院之三和堂，花儿市之万历园，白塔寺内之喇嘛茶馆，皆养虫家、罐家聚会之所。如到稍迟，掀帘入门，顿觉虫声盈耳。其中部茶座，四面围踞者，均为叫虫而来、解衣入座，店伙送壶至，洗杯瀹茗后，自怀中取出葫芦置面前，盖先至者已将葫芦摆满桌面。老于此道者葫芦初放稳，虫已鼓翅，不疾不徐，声声入耳，可知火候恰到好处。有顷，鸣稍缓，更入怀以煦之。待取出，又鸣如初。如是数遭，直至散去。盖人之冷暖与虫之冷暖，已化为一，可谓真正之人与虫化。庄周化蝶，不过栩栩一梦，岂能专美于前耶！[①]

由于玩家众多，清代前期开始便有了蝈蝈的交易。《红楼梦》第八十八回曰："忽见宝玉进来，手中提了两个细篾丝的小笼子，笼内有几个蝈蝈儿……"下文又借宝玉之口交代，这几个蝈蝈儿是"他（贾环）感激我的情，买了来孝敬我的"[②]。可见，这种市场应当在清代前期就有了。晚清时期，从事蝈蝈买卖的市场已经非常繁盛了。据《顺天府志·京师志十八风俗》记载："在花儿市西者有油葫芦市，并卖蛐蛐、蝈蝈，十月盛行，以竹筒贮之，纳入怀中，听以鼠须探之即鸣。"[③] 清末富察敦崇的《燕京

---

① 王世襄：《说葫芦》，生活·读书·新知三联书店，2013，第44页。

② ［清］曹雪芹、高鹗：《红楼梦》下册，文化艺术出版社，2014，第989页。

③ 曹成全：《养玩蝈蝈》，中国农业出版社，2009，第31页。

岁时记》云："京师五月以后则有蝈蝈儿沿街叫卖，每枚不过一二文，则至十月，……每枚可值数千矣。"① 夏秋时节捕捉的野生蝈蝈，价格很便宜，而冬季人工繁殖的蝈蝈价格就很昂贵了。

另一方面，蝈蝈是家族繁盛、子孙繁衍、多子多福的象征，这层寓意推动了其在民俗文化中的发展繁荣。

古时皇帝都希望自己的帝业千秋万代，为了自己帝祚永延，皇帝往往大肆选秀，充实后宫，给老百姓带来了巨大灾难，"离散天下之子女，以奉我一人之淫乐，视为当然，曰：'此我产业之花息也。'然则，为天下之大害者，君而已矣！"②

明清皇帝一般拥有三宫六院七十二妃嫔，这些嫔妃正是皇帝繁衍后代的工具。为了迎合皇帝的这种意图，在宫殿建筑的命名上，也多取象征多子的名称。"祖宗为圣子神孙，长育深宫，阿宝为侣，或不知生育继嗣为重……是以养猫养鸽，复以螽斯、千婴、百子名其门者，无非藉此感触生机，广胤绪耳。"③ 明清时代的紫荆城里就有螽斯门、百子门等。螽斯门在紫禁城内廷西六宫，为西二长街之南门，南北向。北与百子门相对，门南，直对养心殿北墙，东、西与纯佑门、嘉祉门直角相接。百子门，在紫禁城内廷西六宫，为西二长街之北门，南北向。门市与螽斯门相对，门北为重华宫（原乾西五所）。④

另外，清代宫廷还有戏曲剧本叫《螽斯衍庆》。该剧本是宫廷庆典承应戏中"皇太后万寿圣诞承应""皇帝万寿圣诞承应""皇后千秋承应"和"皇帝大婚礼成承应"剧目之一。清乾隆帝六旬大庆、同治和光绪二帝大婚都曾上演此剧。本剧演的是天下和平，圣主仁恩施于内外。九天圣母召保护麟趾婴儿的送圣郎君同往神州，呈献螽斯麟趾之祥，以兆六宫子孙繁衍兴旺。又有天

---

① ［清］富察敦崇：《燕京岁时记》，光绪三十二年琉璃厂文德斋。

② ［明］黄宗羲：《明夷待访录：原君》，载《黄宗羲全集：第一册》，浙江古籍出版社。

③ ［明］刘若愚：《酌中志》卷十六《内府衙门职掌纪略》，北京古籍出版社。

④ 曹子西：《北京史志文化备要》，中国文史出版社，2008，第289页。

福和天寿二星君同行，敬襄盛事。御筵前，九天圣母献《多子图》。戏中，九天圣母慈慧温柔，含宏广大，酝生生不息之机，护佑皇宫，化育群生，护持孩稚。此剧用“螽斯”之名寓意后妃之间和睦相处，皇室子孙众多。螽斯衍庆，其意就是祝颂子孙众多的。

第七节　蟋蟀文化的进一步发展和成熟

宋元明清时期蟋蟀文化更加丰富多彩，帝王将相、文人雅士、平头百姓或喜其鸣声，或爱其争斗，纷纷玩赏蟋蟀，与之相关的各种文化产业也兴盛起来，使得蟋蟀文化走向了成熟。

宋代文人一如前代通过歌咏蟋蟀的鸣声，表达内心的情感。如，宋代岳飞《小重山·昨夜寒蛩不住鸣》：

> 昨夜寒蛩不住鸣。惊回千里梦，已三更。起来独自绕阶行。人悄悄，帘外月胧明。白首为功名。旧山松竹老，阻归程。欲将心事付瑶琴。知音少，弦断有谁听。①

“寒蛩”一词，点明了词作于深秋。处于山河飘摇、国家残破背景下的作者在寒冷的秋日夙夜忧患。“惊”字充分表现了在秋夜，蟋蟀的凄清鸣叫中，作者终夜难眠的情景。深秋的蟋蟀不停地哀鸣，催逼着词人心中的隐忧和悲愤，让他自感克复中原的责任更加沉重。整首诗表达了词人在睡梦之中也不忘收复中原的爱国之情。

又如，宋陈造《秋虫赋》：

> 金飚之凄清，雁空之澄凝，丛凄聚悲，而为万壑之秋声。非铁心而木肠，畴能不悼其魄而动情。况夫唧唧

① 《宋词三百首》，上海古籍出版社，2015，第232页。

切切，更应迭和，自宇而户，彼何物耶？如私语，如怨愬；如盆茧之抽绪，断而复续；专中宵而悲鸣，有不闻尔。信能令志士之窃叹，而思妇之涕零。①

悲伤的蟋蟀鸣声，可以让“志士窃叹”，更会让“思妇涕零”，悲哀的声音，引发出人们心中的愁绪，不同的人想着自己的伤心之事，愁苦只能愈来愈深。

又如，宋姜夔《齐天乐·蟋蟀》：

庾郎先自吟愁赋，凄凄更闻私语。露湿铜铺，苔侵石井，都是曾听伊处。哀音似诉。正思妇无眠，起寻机杼。曲曲屏山，夜凉独自甚情绪？

西窗又吹暗雨。为谁频断续，相和砧杵？候馆迎秋，离宫吊月，别有伤心无数。豳诗漫与。笑篱落呼灯，世间儿女。写入琴丝，一声声更苦。②

此词是歌咏蟋蟀的名篇。词中以蟋蟀的鸣声为线索，把诗人、思妇、客子、被幽囚的皇帝和捉蟋蟀的儿童等，巧妙地组合到这一字数有限的篇幅中来，层次鲜明地展示出广阔的社会生活画面。该词不仅有自伤身世的喟叹，而且还委婉揭示出北宋王朝的灭亡与南宋王朝苟且偷安、醉心于暂时安乐的可悲观实。“离宫吊月”等句明显地寄寓着家国兴亡之叹。

明代文人写蟋蟀鸣声的大有人在。如王龙起《寒蛩》：

寂寂冬夜长，灯光辉无光。寒蛩窗外鸣，皎皎月入房。何由迫人耳，髣髴在我床。感怀难就寐，曳屦步中堂。凭栏细倾听，忽绕楼上梁。风多不成曲，啾唧愁予肠。伊伊重缕缕，持此为谁伤。空檐铁马动，悲声相抑

① 曾枣庄、刘琳：《全宋文》第256册，上海辞书出版社，2006，第61页。

② 黄勇：《唐诗宋词全集》第7册，燕山出版社，2007，第3433页。

扬。正当霜漏尽，幽咽倍凄凉。[1]

孤守空房的妇人，在微微的灯火中，听到了蟋蟀的哀鸣，对远方亲人的思念油然而生。她辗转反侧，难以入眠，起身步入庭院，皓月当空，满耳是恼人的蟋鸣，更加增添了其思念的烦恼。

又如，明代张弼《络纬词》：

> 络纬不停声，从昏直到明。不成一丝缕，徒负织作名。蜘蛛声寂寂，吐丝复自织。织网网飞虫，飞虫足充食。事在力为不在声，思之令人三叹息。[2]

该诗借虫发挥，以虫明理，寓意深刻。作者把蟋蟀比喻为只会夸口，却徒负空名，不务正业的人。空叫的蟋蟀反倒不如蜘蛛吐丝织网网飞虫来的实际。告诫人们事在为不在说，思之令人叹息，给人启示。

斗蟋是蟋蟀文化中最为引人瞩目的，令无数人痴迷。宋元明清时期斗蟋之风的流行，表现在许多饶有趣味的描写斗蟋的文学作品之中。如宋张镃《满庭芳·促织儿》：

> 月洗高梧，露漙幽草，宝钗楼外秋深。土花沿翠，萤火坠墙阴。静听寒声断续，微韵转、凄咽悲沉。争求侣，殷勤劝织，促破晓机心。
>
> 儿时曾记得，呼灯灌穴，敛步随音。任满身花影，犹自追寻。携向华堂戏斗，亭台小、笼巧妆金。今休说，从渠床下，凉夜伴孤吟。[3]

作者通过追忆儿时捕蟋蟀、斗蟋蟀的场景，反衬今日的孤独

---

① 夏美峰：《虫具收藏鉴赏》，河北人民出版社，2000，第 94 页。

② 欧阳光主编《诗韵华魂　元明清诗歌精选》，陕西师范大学出版社，2009，第 100 页。

③ 《全宋词（四）》，中华书局，1965（1992 重印），第 154 页。

悲苦情怀。贺裳《皱水轩词筌》评论说："形容处，心细入丝发。"[1] 它将儿童的天真活泼以及带着稚气的小心和淘气，纯用白描语言，细细写出，给人以身临其境之感，周密称之为"咏物之入神者"[2]。

又如，宋叶绍翁《夜书所见》：

> 萧萧梧叶送寒声，江上秋风动客情。知有儿童挑促织，夜深篱落一灯明。[3]

深秋寒夜，儿童点着灯，在篱笆边找寻并捕捉蟋蟀。节候迁移，景物变换，最容易引起旅人的乡愁。

宋代虽有描写斗蟋的作品，但少有对斗蟋场面的描写。明代斗蟋之风更胜，以斗蟋为题材的作品很多。

高承埏《蟋蟀赋》，对蟋蟀的养斗描写得十分生动。如他写两虫相斗的场面：

> 招朋偕侣，消暇乘闲。依稀乎命帅出境，仿佛乎拜将登坛。赌以玉麈，注以金钱；东西对列，左右旁观。策之以草杆，鼓之以笑喧。其形昂若，其声喑然。见形而斗志遂起，闻声而雄心各前。张牙耀刃，竖须矗竿；挺翼直接，拔足争先。一进一退，载合载旋。形势既陈，步伐不愆。或佯输而乍走，或凝立而持坚。颉颃既久，雌雄乃殊。负者敛形却窜，捷者凌势长驱。余声不绝，胆气犹粗。逞雄骄于倾刻，变胜败于须臾。盖不离方寸之地，而若开八阵之壮图。莫不扬声赞采，抵掌谐呼。[4]

---

①② 周汝昌等：《唐宋词鉴赏辞典　南宋、辽、金》，上海辞书出版社，1988，第1669页。

③ 管士光、杜贵晨选注《唐宋诗选》，太白文艺出版社，2004，第505页。

④ ［清］陈元龙：《御定历代赋汇》卷一百三十九，乾隆四十六年文渊阁四库全书本。

作者将蟋蟀相斗时的激烈场面以及围观者的热烈气氛淋漓尽致地写了出来。两只小虫在方寸之地进退攻守有板有眼，进退有据，忽而向前猛扑，忽而落荒而逃。一场如两军对垒般拼命厮杀的惊心动魄的场面，怎能不让围观者热血沸腾，豪气顿生呢？这能给人带来巨大的精神享受，因而让人痴迷。

又如，明代顿锐《观斗蟋蟀》：

> 见敌竖两股，怒须如卓棘。昂臧忿塞胸，彭亨气填臆。将搏必踞蹲，思奋肆凌逼。既却还直前，已困未甘踣。雄心期决胜，壮志冀必克。物依稀触与蛮，蜗角并开国。人生亦类斯，隙驹争得失。[①]

作者以拟人的笔法写出蟋蟀的剧烈争斗场面，十分生动逼真。并由虫及人，认为在短暂的人生旅程里，为蝇头小利而争得患失，根本无谓得很，表现了对人生的超然态度。

清代描写斗蟋蟀的诗也不少，较有特色的，如张问陶《斗蟋蟀》：

> 细拔牙须辨蠢灵，小妻娇女笑中庭。野人篱落浑无事，正好平章蟋蟀经。[②]

诗歌描写了一家人斗蟋过程中的欢笑意趣，其中一片舐犊情深流露而出，慈父形象跃然纸上。

又如，清代商可《斗蟋蟀》：

> 谁教嚄唶两争雄，白帝余威到草虫。可惜旌旗兼壁垒，指挥都是小儿童。[③]

---

① 周向涛：《历代题画诗雅集》，黄山书社，2010，第191页。
② ［清］张问陶：《船山诗选》，周宇征编，书目文献出版社，1986，第144页。
③ 杨子才：《万首清人绝句》，昆仑出版社，2011，第304页。

诗人用嘲讽的手法，表达对人世间利益纷争的看法，十分新奇有趣，而又发人深思。

宋元明清时期斗蟋蟀之风的流行，不仅在诗文，而且在正史、野史、笔记等文献中也有大量记载。据说，宋高宗赵构特别倾心于斗蟋蟀，还下诏让人进贡上等蟋蟀，供其玩斗。而南宋末年的贾似道更是醉心于斗蟋蟀，甚至为此而延误国家大事，人们讥讽其为“蟋蟀宰相”。据《宋史·奸臣传》：

> 襄阳围已急，似道日坐葛岭，起楼台亭榭，取宫人娼尼有美色者为妾，日淫乐其中。唯故博徒日至纵博，人无敢窥其第者。其妾有兄来，立府门，若将入者。似道见之，缚投火中。尝与群妾踞地斗蟋蟀，所狎客入，戏之曰：“此军国大事耶？”①

敌军围城，国家危在旦夕，身为重臣的贾似道，却置若罔闻，依然陪着群妾斗蟋蟀玩乐。他的玩物丧志让他背负了千古骂名。

贾似道不仅痴迷于斗蟋蟀，还专注于研究蟋蟀，我国古代第一部蟋蟀著作《促织经》就出自他。这是一部很有特色的蟋蟀专论，此书共二卷，分论赋、论形、论色、决胜、论养、论斗、论病几部分，详细地对蟋蟀养、斗等方面进行了论述。其内容虽有牵强附会、虚妄臆测的部分，但科学的部分还是居多，很好地总结了时人玩斗蟋蟀的经验。后世出现的一系列《蟋蟀谱》《促织经》，大多以此书为蓝本，仅在内容和体例上稍做调整，没有很大的突破。

“楚王爱细腰，宫人多饿死”，上层玩斗蟋蟀的爱好，也促使了斗蟋蟀在民间的流行。朱继芳《蛩》诗曰：“一蛩何唧唧，吟

---

① ［元］脱脱：《宋史》卷四百七十四《列传第二百三十三》，乾隆四年武英殿刻本。

入儿童心。只在竹篱外，篝灯无处寻。”[①] 该词写出了少年儿童抓捕蟋蟀的热闹场面。《西湖老人繁胜录》里则描述了成人玩斗蟋蟀的场景：“每日早晨多于官巷南北作市，常有三五十伙斗者。”[②]

斗蟋蟀的盛行，促使许多人以贩卖蟋蟀作为发财致富的手段，蟋蟀的价格也高的令人咋舌，好蟋蟀价格竟能达到二三十万钱一只的地步。《西湖老人繁胜录》云：“乡民争捉入城货卖。斗赢三两个，便望卖一两贯钱。若生得大，更会斗，便有一两银卖，每日如此。九月尽，天寒方休。”[③] 姜夔《齐天乐》一词吟咏蟋蟀，词有小序曰：“丙辰岁，与张功父会饮张达可之堂。闻屋壁间蟋蟀有声，功父约予同赋，以授歌者。功父先成，辞甚美。予徘徊茉莉花间，仰见秋月，顿起幽思，寻亦得此。蟋蟀，中都呼为促织，善斗。好事者或以三二十万钱致一枚，镂象齿为楼观以贮之。”[④]

南宋时期养斗蟋蟀之风兴盛，养斗蟋蟀已经发展成为产业链。斗蟋盛行必然会需要大量的器具来蓄养蟋蟀。当时，人们用以养蟋蟀的盆、笼不仅种类繁多而且极其精致，令人叹为观止。西湖老人《繁胜录》云：“促织盛出，都民好养。或用银丝为笼；或作楼台为笼；或黑退光笼；或瓦盆、竹笼；或金漆笼、板笼，甚多。”[⑤] 又有“扑卖时样翻腾养喂促织盆。”[⑥] 吴自牧《梦粱录》在“夜市”中记载的商品有“促织笼儿”。如此名目繁多的蟋蟀器具，自然会促进相关制造业的繁荣。宋人养斗蟋蟀盛行，甚至还产生了专门经营蟋蟀产业的“经纪”“闲人”。周密《武林旧事》之“小经纪”记载有：“虫蚁食、诸般虫蚁……促织儿……

① 叶章永：《千古名篇咏童真》，新世纪出版社，2006，第 6 页。

②③ 王国平：《西湖文献集成》第 2 册，杭州出版社，2004，第 15 页。

④ ［宋］姜夔：《白石道人歌曲》卷四，朱孝臧，1917 年彊村丛书本。

⑤⑥ 王国平：《西湖文献集成》第 2 册，杭州出版社，2004，第 15 页。

虫蚁笼、促织盆。”[①]《梦粱录》“闲人”篇记载：“有专为棚头，斗黄头，养百虫蚁，促织儿。”[②]

明代蟋蟀文化史上最为浓墨重彩的人物，当属被称作“蟋蟀皇帝”“促织天子”的明宣宗朱瞻基。这位皇帝对斗蟋蟀的痴迷，达到了上瘾程度。据明代人沈德符的《万历野获编》记载：“我朝宣宗最娴此戏，曾密诏苏州知府况钟进千个，一时语云：‘促织瞿瞿叫，宣德皇帝要’，此语至今犹传。”[③] 明代王世贞《王弇州史料》中如实收录了明宣宗给况钟的这道密诏：

> 宣德九年七月，敕苏州知府况钟：“比者内官安儿吉祥采取促织。今所进促织数少，又多有细小不堪的。以敕他每于末进运，自要一千个。敕至，而可协同他干办，不要误了！故敕。宣德九年七月。”[④]

身为一国之君的宣德皇帝，竟然一本正经地用密诏让地方大员进贡蟋蟀，而且一道短短的诏书，竟连用了三个“敕”字，叮嘱“不要误了!”这位皇帝斗蟋之瘾可见一斑了。清人史梦兰在《全史宫词》中还专门讽刺了此事：“秋声满院月黄昏，香尽熏炉闭殿门。欲试江南新进种，罗巾轻拭戗金盆”[⑤]。

皇帝下旨要蟋蟀，而且数目不小。苏州官吏自然不敢怠慢，作为一项重要任务来完成，全民上下积极行动，抓捕蟋蟀。健夫小儿常“群聚草间，侧耳往来，面貌兀兀，若有所失者。至于溷厕污垣之中，一闻其声，跃身疾趋，如馋猫见鼠”[⑥]。而各级官吏纷纷以蟋蟀邀宠，很多人因此而升官发财。据沈德符《万历野

---

① ［宋］周密：《武林旧事》，齐豫生、夏于全点校，北方妇女儿童出版社，2006，第 89 页。

② ［宋］吴自牧：《梦粱录》，浙江人民出版社，1980，第 183 页。

③ ［明］沈德符：《万历野获编》卷二十四，道光七年姚氏扶荔山房刻本。

④ 白峰：《蟋蟀古谱评注》，上海科学技术出版社，2013，第 240 页。

⑤ ［清］史梦兰：《全史宫词》卷下，中国戏剧出版社，2002，第 664 页。

⑥ ［明］袁宏道：《瓶花斋集》卷八《杂录》，崇祯二年佩兰居刻本。

获编》记载："苏州卫中武弁，尚有以捕蟋蟀比首虏功，得世袭者。"①

当然也有人因此而家破人亡的，据明代人吕毖的《明朝小史》记载：

> 帝酷好促织之戏，遣取之江南，其价腾贵至十数金。时枫桥一粮长以郡督遣，觅得其最良者，用所乘骏马易之，妻妾以为骏马易虫必异，窃视之，乃跃去，妻惧自经死。夫归，伤其妻且畏法亦经焉。②

枫桥的这对粮长夫妻同死的大悲剧，后来被蒲松龄作为素材，写成了小说《促织》，来影射社会现实，而作者"故天子一跬步皆关人命，不可忽也"③ 的劝诫更是发人深思。

明朝痴迷斗蟋蟀之戏的并非明宣宗一个皇帝，从明代人留下的《御花园赏玩图》来看，明宪宗亦痴迷斗蟋蟀之戏。上行下效，皇帝的痴迷使"万姓颇为风俗，稍渐华靡"④，明朝斗蟋蟀之风席卷全国，大江南北，无论官民贫富，还是城乡妇幼，都把斗蟋蟀作为一种社会的"时髦"娱乐。这时的明都北京，俨然成为斗蟋蟀的中心。

明代宦官刘若愚著《酌中志》云："斗促织，善斗者一枚可值十余两不等，有名色，以赌博求胜也。秉笔唐太监之征、郑太监之惠，最识促织，好蓄斗为乐。"⑤ 袁宏道《促织志》云："京师人至七八月，家家皆养促织，……瓦盆泥罐，遍市井皆是。不论老幼男女，皆引斗以为乐。"⑥ 刘侗、于亦正《帝京景物略》曰："（七月）十五日……上坟如清明时，或制小袋以往，祭甫

① ［明］沈德符：《万历野获编》卷二十四，道光七年姚氏扶荔山房刻本。

② ［明］吕毖：《明朝小史》卷六《宣德纪》，玄览堂，1941 年玄览堂丛书本。

③ ［清］蒲松龄：《聊斋志异》卷四，乾隆十六年张氏铸雪斋抄本。

④ ［清］查继佐：《罪惟录》卷三十二，台湾新兴书，1975，第 1030 页。

⑤ 《明代笔记小说大观：四》，上海古籍出版社，2005，第 3064 页。

⑥ ［明］袁宏道《瓶花斋集》卷八《杂录》，崇祯二年佩兰居刻本。

讫，辄于墓次掏促织，满袋则喜，秫竿肩之以归。是月始斗促织，壮夫士人亦为之。斗有场，场有主者，其养者又有师。斗盆筒罐，无家不贮焉。”[①] 闵景贤《观斗蟋蟀歌》曰：“燕市斗场挨户户，正酒色天好决赌。各提斗盆绣花缕，摩挲入手澄泥古。”[②] 王醇《促织》曰：“风露渐凄紧，家家促织声。墙根童夜伏，草际火低明。人手驯难得，当场怒不平。秋高见余勇，一忆度辽兵。”[③] 这些文学作品也生动地描写了京城中斗蟋蟀活动如火如荼，异常兴旺的盛况。

明代斗蟋蟀之风之所以盛行，与斗蟋蟀活动中伴生的赌博功能进一步发展有很大关系。能够争胜赢钱，较之于娱乐，对人们来说恐怕是更为刺激之事。沈德符《万历野获编》云：“近日吴越浪子有酷好此戏，每赌胜负辄数百金，至有破家者，亦贾之流毒也。”[④] 高承埏《蟋蟀赋》也有“赌以玉麈，注以金钱”等语，陆粲《庚巳编》所记载得更为有趣：

> 吴俗喜斗蟋蟀，多以决赌财物。予里人张廷芳者好此戏。为之辄败，至鬻家具以偿焉，岁岁复然，遂荡其产。素敬事玄坛神，乃以诚祷，诉其困苦。夜梦神曰：“尔勿忧，吾遣黑虎助尔。今化身在天妃宫东南角树下，汝往取之。”张往，掘土获一蟋蟀，深黑色而甚大。用以斗，无弗胜者，旬日间，获利如所丧者加倍。至冬，促织死，张痛哭，以银作棺葬之。[⑤]

玩蟋蟀的赌徒们甚至幻想神仙来帮助他们赢钱，这种走火入

---

① [明] 刘侗、于奕正：《帝京景物略》卷二《城东内外》，上海古籍出版社，2002年续修四库全书本。

② [明] 刘侗、于奕正：《帝京景物略》卷三《城南内外》，上海古籍出版社，2002年续修四库全书本。

③ [清] 钱谦益：《列朝诗集》丁集第十四，中华书局，2007。

④ [明] 沈德符：《万历野获编》卷二十四，道光七年姚氏扶荔山房刻本。

⑤ [明] 陆粲：《庚巳编》卷四，商务印书馆，1938年纪录汇编本。

魔的心态，可见他们沉迷程度之深。越来越多的人，由斗蟋蟀慢慢步入邪途，造成了严重的社会问题。明代刘侗、于奕正《帝京景物略·胡家村》云：“贵游至旷厥事，豪右以销其赀，士荒其业，今亦渐衰止。惟娇姹儿女，斗嬉未休。”①

最令人痛心的是被称作“蟋蟀相公”的马士英。清代人王应奎《柳南续笔》云：

> 马士英在弘光朝，为人极似贾秋壑（即贾似道），其声色货利无一不同，羽书仓皇，犹以斗蟋蟀为戏，一时目为“蟋蟀相公”。迨大清兵已临江，而宫中犹需房中药，命乞子捕虾蟆以供，而灯笼大书曰“奉旨捕蟾”。嗟乎，君为虾蟆天子，臣为蟋蟀相公，欲不亡得乎！②

又是一个玩蟋丧志的权贵，怎不令人唏嘘不已！

明代斗蟋活动的繁荣，也促使更多的人投入到对蟋蟀养斗技巧的研究之中，他们从实践中总结出了许多理论经验，使明代蟋蟀养斗技巧取得了很大发展。

嘉靖年间有署名为宋平章、贾秋壑辑，居士王琪竹校，步虚子重校的《重刊订正秋虫谱》出现；万历年间又有宋平章、贾秋壑辑，居士王琪竹校的《鼎新图像虫经》和周履靖《促织经》问世；后来又有袁宏道、刘侗删节本的《促织志》出现。这些虫谱都号称是在宋代贾似道《秋虫谱》的基础上修订的，但由于周氏原书已散佚，我们已难知道它们之间的承继关系了。综合对比来看，周履靖的《促织经》较为详审，其中应当增补了不少明人蓄养蟋蟀的经验，为古今广大养虫家所借鉴。

袁宏道《促织志》、刘侗《促织志》也有自己的特色，如他

① ［明］刘侗、于奕正：《帝京景物略》卷三《城南内外》，上海古籍出版社，2002 年续修四库全书本。

② ［清］王应奎：《柳南续笔》卷一，嘉庆十年张海鹏借月山房汇钞本。

们对明代京城斗蟋蟀情况的记载，为我们了解明代斗蟋蟀的历史提供了较多的材料。尤其是刘侗《促织志》中记载了明代人工繁殖蟋蟀的方法，该书“留虫”一节中云：

> 促织感秋而生，其音商，其性胜，秋尽则尽。今都人种之，留其鸣深冬。其法：土于盆养之，虫生子土中。入冬，以其土置暖炕，日水洒，绵覆之。伏五六日，土蠕蠕动；又伏七八日，子出，白如蛆然。置之蔬叶，仍洒覆之。足翅成，渐以黑，匝月则鸣，鸣细于秋，入春反僵也。[①]

时至今日，北方一些地方仍在沿用这种“土炕繁殖法”大量进行蟋蟀的人工生产。这就告诉我们，明代人已经对蟋蟀的生活、生产规律有了相当深刻的认识，并且在实践中成功地进行了人工繁殖。这不但使玩家们在非蟋蟀生长期也可以赏玩蟋蟀，而且可以克服自然条件限制，实现蟋蟀品种的保存和流传。

明代的畜虫工具也有了很大发展。明代人基本不用前代人的笼养法，而普遍采用盆或罐养。袁宏道《促织志》记载，京城“瓦盆泥罐遍市井皆是”[②]，刘侗、于奕正《帝京景物略》亦云“斗盆、筒罐无家不贮”[③]，都说明盆养和罐养蟋蟀的流行。由于所需盆罐数量巨大，以至于明代出现了专门的蟋蟀盆罐制造业，所造盆罐不仅实用，而且精致工巧。据明代江阴人李诩《戒庵老人漫笔》卷一云：

> 宣德时，苏州造促织盆，出陆墓（俗呼母音）邹、

---

① 本社：《禽鱼虫兽编》，上海古籍出版社，1993，第191页。

② ［明］袁宏道：《瓶花斋集》卷八《杂录》，崇祯二年佩兰居刻本。

③ ［明］刘侗、于奕正：《帝京景物略》卷三《城东内外》，上海古籍出版社，2002年续修四库全书本。

莫二家。曾见镂雕人物，妆彩极工巧。又有大秀、小秀所造者尤妙，邹家二女名也。久藏苏州库中，正德时发出变易，家君亲见。①

宋代在陆墓就有专门为皇室烧制各种精巧瓷器的御窑，明代又成了烧制蟋蟀盆罐的地方。这里制作的蟋蟀盆罐工艺高超，不仅注重质地、大小、厚薄、深浅，还很讲究式样、图案方面的复杂和美观，堪称高级艺术品，具有极高的审美欣赏价值，倍受当时蟋蟀玩家的青睐。

明清鼎革，王朝更替。虽然一部分文人痛心疾首，称明清更替为“天崩地裂”，然而，这似乎并没有影响到民间的生活。斗蟋之风并没有消歇的迹象，汉族地区依然兴盛，而满洲贵族虽来自东北，起初对于斗蟋之类的游戏并不擅长，但承平日久，很快也就沉浸其中。康熙帝就非常喜欢斗蟋，据清高士奇《金鳌退食笔记》载：

本朝改为南花园，杂植花树，凡江宁、苏、松、杭州织造所进盆景，皆付浇灌培植。又于暖室烘出芍药、牡丹诸花，每岁元夕赐宴之时，安放乾清宫，陈列筵前，以为胜于剪彩。秋时收养蟋蟀，至灯夜则置之鳌山灯内，奏乐既罢，忽闻蛩声自鳌山中出。②

为了满足皇帝的喜好，当时清宫中还专门有负责繁殖蟋蟀等鸣虫的工匠，以协助皇室贵族随时娱乐。

不仅皇室贵族，而且文人雅士也将斗蟋作为一种风雅的娱乐。拙园老人在《秋虫源流》中云：“花前月下，闻其声可以涤虑澄怀；日朗秋高，观其斗足能赏心悦目。闲暇无事，以此为消

① ［清］翟灏：《通俗编》卷二十九，中华书局，2013。

② ［清］高士奇：《金鳌退食笔记》，商务印书馆，1936，第32页。

遗，与身心未尝无裨益。”[1] 文人们喜好蟋蟀，为的是陶冶情操，寄托自己的雅趣。为此，他们不仅创作诗文吟咏此事，而且还钻研古代典籍，总结自身玩斗的经验，创作出大量的蟋蟀谱。如清代金文锦《蟋蟀秘要》，石莲《蟋蟀谱》，朱翠庭辑《促织经》，朱从延纂辑《虹孙鉴》等。

民间爱好斗蟋的风气也有增无减。清代陈淏子《花镜·养昆虫法·蟋蟀》云：

> 每至白露，开场者大书报条于市，某处秋兴可观。此际不论贵贱老幼咸集。初至斗所，凡有持促织而往者，各纳之于比笼，相其身等、色等方合，而纳乎官斗处，两家亲认定己之促织，然后纳银作采，多寡随便。更有旁赌者，于台下亦各出采。若促织胜主胜；促织负主负。胜者鼓翅长鸣，以报其主，即将小红旗一面，插于比笼上，负者输银。其斗也，亦有数般巧处。或斗口，或斗间。斗口者勇也，斗间者智也。斗间者俄而斗口，敌弱也。斗口者俄而斗间，敌强也。[2]

清顾禄《清嘉录》记苏州人斗玩蟋蟀的情景：

> 大小相若，铢两适均，然后开栅。斗时有执草引敌者，曰芡草。两造认色，或红或绿，曰“标头”。台下观者即以台上之胜负为输赢，谓之“贴标”。斗分筹码，谓之“花”。花，假名也。以制钱一百二十文为一花，一花至百花、千花不等，凭两家议定，胜者得彩，不胜者输金，无词费也。[3]

---

① 王世襄：《蟋蟀谱集成》，生活·读书·新知三联书店，2013，第 216 页。

② 王世襄：《蟋蟀谱集成》，生活·读书·新知三联书店，2013，第 61 页。

③ ［清］顾禄：《清嘉录》，王湜华、王文修注释，中国商业出版社，1989，第 196 页。

清潘荣陛《帝京岁时纪胜》载：

> 都人好畜蟋蟀，秋日贮以精瓷盆盂，赌斗角胜，有价值数十金者，为市易之。[①]

可见，清代民间斗蟋之风的确非常之盛行，而且民间斗蟋依然与赌博紧密相关，赌博之风愈演愈烈，引来文人的批评。清代人诸联的《明斋小识》云：

> 蟋蟀戏由来已久，金盆玉笼，聊寄闲情云尔。至以财帛角胜负，而网利之徒设井以诱，则戏而为博也。其间妓舸填集，数可盈千，角口挥拳，无分宵昼。凡酒食所需，靡不有，靡不价至于倍。是中豪华公子，富商奸吏，惰农恶棍，宵人巨盗，流丐庸奴，羼杂而莫辨。盖因地列水洼，苏松交界，于藏奸最宜。又值催科之候，县官无暇什及，下此丞尉，皆已受贿，顾得肆无顾忌，纠党横行，某柜某庄，煌然揭出，国法人情，澌然殆尽。局中抛掷金钱，可亿万计矣。人之身家性命，倾倒者又不知几许矣。可哀也夫！[②]

面对这种赌博带来的危害，官方也是采取了严禁的措施。康熙壬戌年（1682）秋天，巡抚都御史余国柱，曾在苏州下令军中严禁，起到了一定的作用。但风头过后，斗蟋蟀之风往往又死灰复燃，直到清代晚期，此风依然盛行。清吴景澜《吴郡岁华纪丽》卷八《秋兴斗蟋蟀》云："其斗也，贵游旷厥事，豪右销其资，士荒其业；下至闾巷小儿，闺房娇姹，亦复斗嬉未休。"[③]

晚清时期，人们对斗蟋的热爱，一度出现了一个小高潮。据称，这个小高潮很可能和慈禧太后的行为有关。传说慈禧酷爱斗

---

① ［清］潘荣陛：《帝京岁时纪胜》，北京古籍出版社，1981，第27页。

② ［清］诸联：《明斋小识》卷九，江苏广陵古籍刻印社，1983，进步书局石印本。

③ 张森材、马砾：《江苏区域文化研究》，江苏古籍出版社，2002，第246页。

蟋，光绪年间她每年都要住进颐和园，在重阳节这天开赌斗蟋蟀，王公大臣、太监宫女纷纷上阵，斗得不亦乐乎。慈禧不仅自己喜欢蟋蟀，还曾将宫内养的蛐蛐儿赏赐给喜养蛐蛐儿的京剧名家谭鑫培、杨小楼等。[①] 民间也有不少有关慈禧斗蟋的传说，如《中国宁津蟋蟀志》一书中所讲的“宁津蟋蟀斗慈禧”的故事就非常生动有趣。《清宫词·养蟋蟀》云：“宣窑厂盒戗金红，方翅梅花选配工。每值御门归晚殿，便邀女伴斗秋虫。”[②] 描述了清宫内嗜好以斗蟋蟀作为游戏的场景。

宫廷内的斗蟋热度未减，宫廷外平民百姓也对此依然兴趣盎然。1886 年上海出版的《点石斋画报》刊出了一幅清晚期时人斗蟋蟀的线图，这幅以石版印刷的画生动地展示了清末上海斗蟋蟀的热闹场面。

> 斗场安排在一个豪华的公馆里，或许就是个专门会斗蟋蟀的斗场。透过打开的窗户，可以看到窗外亭子、假山及小桥流水，风景秀丽。墙上靠着的百宝格里排放着各种蟋蟀罐，另面墙壁上挂着的一面六角形西洋挂钟，说明这时正是海禁初开的清朝末年。窗下是一张条案和桌椅，上面都摆着式样各异的蟋蟀罐。条案后站着一位身穿长袍马褂的长者，手边放着纸笔，似在为来会斗的客人签到。有主仆二人正向主人施礼，似乎已经斗完，正要离去；仆人手里提着装蟋蟀罐的提盒。另有主仆二人正从门外进来，仆人手里提着用花布包着的东西，显然是蟋蟀罐。在厅堂的中间，一张八仙桌前正展开蟋蟀的激斗。十余人围在桌前，盯住斗栅观看。有的手执芡草，有的伸手指指点点，一派兴趣盎然的样子。桌子上的斗栅是方形的，旁边放着一只过笼。[③]

---

① 张善培：《养蟋蟀》，《中国电视报》2013 年 1 月 10 日第 8 版。
② 吴士鉴：《清宫词》，北京古籍出版社，1986，第 45 页。
③ 孟昭连：《中国虫文化》，天津人民出版社，2004，第 385 页。

整幅画上形态各异的人物都与斗蟋蟀相联系，这是清末上海斗蟋蟀之风盛行的生动展现。

第八节 萤火虫文化的进一步发展和成熟

宋元明清时期，萤火虫文化在文学、民俗节日方面的发展进一步深入，并逐步成熟。这一时期，人们对萤火虫来源的认知，并没有明显改变，“腐草化萤”的认识，依然为人们所信奉。李时珍的《本草纲目》中记载：

> 萤有三种：一种小而宵飞，腹下光明，乃茅根所化也，吕氏月令所谓“腐草化为萤”者是也；一种长如蛆蠋，尾后有光，无翼不飞，乃竹根所化也，一名蠲，俗名萤蛆，明堂月令所谓“腐草化为蠲”者是也，其名宵行，茅竹之根，夜视有光，复感湿热之气，逐变化形成尔；一种水萤，居水中，唐季子卿《水萤赋》所谓“彼何为而化草，此何为而居泉”是也。①

《本草纲目》中提到的无翼萤火虫，实际上是萤火虫的幼虫。而对于萤火虫的生成，李时珍则认为它们是由在夜晚看起来发亮光的茅、竹之根，在潮湿闷热的环境中腐化而成。

宋元明清时期，萤火虫依然是文人们喜爱的小精灵，以萤火虫为题材的作品也是层出不穷，文人们借助萤火虫意象，表达自身的所思所想。

有借萤火虫抒发人生抑郁不得志之憾的。如，宋代王沂孙《齐天乐·萤》云：

> 碧痕初化池塘草，荧荧野光相趁。扇薄星流，盘明

---

① ［明］李时珍：《本草纲目　虫部》第四十一卷，光绪十一年味古斋刻本。

露滴，零落秋原飞磷，练裳暗近。记穿柳生凉，度荷分瞑；误我残编，翠囊空叹梦无准。

楼阴时过数点，倚阑人未睡，曾赋幽恨。汉苑飘苔，秦陵坠叶，千古凄凉不尽。何人为省？但隔水余晖，傍林残影。已觉萧疏，更堪秋夜永！[①]

王沂孙此词构思颇为精妙，咏萤却不囿于萤，写萤拟人，借萤托意，将萤之意志声情与词人生活情境的今昔殊变紧密结合。词人寓时事家国幽恨与身世哀感于词中，使物、我、家国三者融合一体，萤、景、情诸层圆化无迹。无怪乎戈载《七家词选》评王沂孙之词赞云："运意高远，吐韵妍和"[②]。以此观之，可谓知人知言。

又如，宋代赵闻礼《贺新郎·萤》云：

池馆收新雨。耿幽丛、流光几点，半侵疏户。入夜凉风吹不灭，冷焰微茫暗度。碎影落、仙盘秋露。漏断长门空照泪，袖纱寒、映竹无心顾。孤枕掩，残灯炷。

练囊不照诗人苦。夜沉沉，拍手相亲，騃儿痴女，栏外扑来罗扇小，谁在风廊笑语？竞戏踏，金钗双股。故苑荒凉悲旧赏，怅寒芜，衰草隋宫路。同磷火，遍秋圃。[③]

古代诗词中咏萤之作多见，此阕为其中的名篇之一。先写萤火出现的时间、地点和气候，为我们描绘出一幅清冷幽静的秋夜流萤图，并由此引起联想，抒写作者寂寞凄苦的心境。"故苑"四句，通过怀古，融情入景，寄托作者家国兴亡之感。本篇笔触

① 《全宋词（五）》，中华书局，1965（1992 重印），第 565 页。

② 龙榆生：《唐宋名家词选》，上海古籍出版社，2014，第 385 页。

③ 《全宋词（七）》，中华书局，1965（1992 重印），第 122 页。

细腻，深婉有致，可与王沂孙《齐天乐·萤》相媲美。

有借萤火虫自励，希望能够有所成就的。如，陆游《月下》，诗曰：

月白庭空树影稀，鹊栖不稳绕枝飞。老翁也学痴儿女，扑得流萤露湿衣。①

陆游以看似嬉戏耍闹的一句“老翁也学痴儿女，扑得流萤露湿衣”表达了自己“廉颇老矣，尚能饭否”的壮志豪情。

又如，清代赵执信《萤火》，诗曰：

和雨还穿户，经风忽过墙。虽缘草成质，不借月为光。解识幽人意，请今聊处囊。君看落空阔，何异大星芒。②

作者写到，萤火虫在雨中仍执着飞行，穿行于万户的窗户间，在风里它似乎要被吹落在地，却忽又轻盈地越墙而过。这里，运用动作描写，以风、雨作陪衬，暗赞萤火虫身虽细小却不畏风雨之精神。

有的表达作者对历史的反思。如，宋代张耒《飞萤词》，词曰：

碧梧含风夏夜清，林塘五月初飞萤。翠屏玉簟起凉思，一点秋心从此生。方池水深溪雨积，上下辉辉乱凝碧。幸因帘卷到华堂，不畏人惊照瑶席。汉宫千门连万户，夜夜萤煌暗中度。光流太液池上波，影落金盘月中露。银阙苍苍玉漏迟，年年为尔足愁思。长门怨妾不成寐，团扇美人还赋诗。避暑风廊人语笑，栏下扑来罗扇

① 钱忠联、马亚中主编《陆游全集校注　剑南诗稿校注》，钱忠联校注，浙江教育出版社，2011，第22页。

② 黄万机：《清诗》，贵州人民出版社，2000，第83页。

小。已投幽室自分明，更伴残星碧天小。君不见连昌宫殿洛阳西，破瓦颓垣今古悲。荒榛腐草无人迹，只有秋来煜耀飞。[①]

又如，明代顾仲从《咏萤》，词曰：

明月窗纱，夜凉如许，偷度西家。帘外星移，屋梁月堕，逗得些些。

玉阶悄，忆年华，曾照箇襟横髻斜。长信宫闲，摩诃池冷，光黯秋花。[②]

小小萤火虫也是历史的见证，它们曾萦绕在汉唐宫廷宫人的身旁，陪着他们共度漫漫的长夜，亲历过他们的喜悦悲欢。当年的繁华与现在一幅充满悲剧气氛的画面的对比，使全诗充满沧海桑田、物是人非的感叹，表现了诗人对历史人生的深邃思考。

有的则充满了生活的情趣。如，明代郭登的《萤》，诗曰：

腐朽如何不自量，化形飞起便悠扬。脐间只有些儿火，月下星前少放光。[③]

小诗借萤喻人，通过调侃萤火虫到处卖弄炫耀自己身上的那点亮光，讽刺生活中那些不自量力的人。

又如，明代僧人德祥《咏萤》，诗曰：

念尔一身微，秋来处处飞。放光唯独照，引类欲相

① 《柯山集》卷四，乾隆四十一年文渊阁四库全书本。

② ［明］潘游龙辑《精选古今诗馀醉》，梁颖点校，辽宁教育出版社，2003，第418页。

③ 黄永武：《中国诗学　思想篇》，新世界出版社，2012，第90页。

辉。白发嫌催节，青灯妒入帏。老僧无世相，容得绕禅衣。[1]

作者将萤火的亮光与和尚的光头联系起来，产生了强烈的谐谑效果，令人忍俊不禁。

文人的歌咏，给以浪漫著称的萤火虫增添了一份厚重的文化底蕴，当然也为萤火虫在民俗文化的传播提供了扩张的动力。我国的民俗节日数目众多，内容丰富。其中有多个节日与萤火虫有关。

比如，中元节，俗称鬼节、七月半，佛教称为盂兰盆节。俗语云："七月半，鬼乱窜。"传说农历七月初一，阴曹地府鬼门关打开，所以各种鬼魂都可以出地狱到人间散散心、透透气，而每家的祖先们也可以回家看看儿孙的生活情况。人间七月，瓜果稻粟皆已入仓，酷暑亦过，从物资到节气，正是孝敬先人的好时候，先人们也尽可享受后辈们供奉的香火了。同时，农历七月，也是萤火虫活动的旺季。清嘉庆年间的四川《三台县志》这样描述："是月也，金风至，白露降，萤火见，寒蝉鸣，枣梨熟，禾尽登场。"清代孟登先《十四日池上有作》云："山里惊秋早，池中得月先。波开千丈阔，影欠一分圆。萤火如星落，虫声与夜连。满城焚纸镪，疑是夕阳天。"到了夜间，田野树林里，流萤纷飞，飘荡闪烁，让人很容易将其与鬼的活动联系起来，认为那是到处游走的鬼魂。

农历七月二十日的台望节，是广西都安、大化、巴马、平果、马山等县壮族同胞的节日。在当天晚上，老人以夜空占卜下半年气候，如天晴月明，则下半年风调雨顺，如云遮月，则天旱。节日对歌，别有情趣。年轻夫妇同入歌场，可相互帮歌，即妻子唱不过对方时，丈夫随时帮还歌，丈夫唱不过对方时，妻子

---

① 《中华大典》工作委员会、《中华大典》编纂委员会：《中华大典　理化典物理学分典 2》，山东教育出版社，2018，第 250 页。

也可上阵。对歌时，男女双方，各有主唱者一人，旁边听众可随兴参与其中一方附和伴唱。据彩万志考证，这个节日是一个与萤火虫有关的连性节日，在此晚，欣赏流萤漫天飘舞的盛景，亦是重要的娱乐项目。

第六章

中国现当代昆虫文化发展概观

进入现代社会以来，中国的政治、经济和文化发生巨大变化。在这种背景下，古代昆虫文化一方面得以传承，继续在一定程度上影响着人们的思想意识、文化艺术、民俗活动；另一方面，在现代文化的冲击下，昆虫文化也出现了一定程度上的演变，生发出许多新的形式和内容。

第一节　现当代昆虫文化概观

蝉是中国古代重要的美学意象，它对现当代诗歌依然有着重要影响。如，当代著名作家王蒙就曾创作《咏蝉》八首，从内容上看，这组诗首首写蝉，但又不拘泥于蝉本身，而是从不同层面、不同角度全方位地加以描写，有的以蝉自喻，有的以蝉比喻他人，有的则兼而有之。如，其一：

> 咏蝉佳句多，蝉数复如何？难饱犹难饱，蹉跎自蹉跎。倚风风已黯，泣血血将白。何不换包装，翩翩效粉蛾。[①]

① 丁玉柱：《王蒙旧体诗传》，中国海洋大学出版社，2006，第379页。

这首诗中，王蒙没有沉溺于古代诗人对蝉的吟咏，而是独辟蹊径，以对蝉的悲哀命运的描摹，讽刺那些在风黯血白中如蝉一样固执己见的人。

又如，顾城《蝉声》：

你象尖微的唱针，
在迟缓麻木的记忆上，
划出细纹。
一组遥远的知觉，
就这样，
缠绕起我的心。
最初的哭喊，
和最后的讯问
一样，没有回音。[①]

生活中能激起我们情绪的事物中，蝉声是其中之一。作者抒写夏日午后那种聒噪的蝉声，就如同尖细的一支唱针，一圈圈地拨动人心中的涟漪，令人升起莫名的烦躁、渴望和不安。渴望什么？烦躁又从何而来？为什么内心如此不安？这就需要读者根据自己的生活经验去仔细体味了。

捕蝉是有悠久历史的游戏，民间捕蝉的方法有很多，以粘蝉之法最为常见，孟昭连《中国虫文化》中讲到了具体做法：

1. 先准备一根长长的竹竿，为了增加其长度，还可在竿的上端再插上一根更细小的竹枝或树枝。其要求就如现在用的钓鱼竿一样，愈长愈好；

2. 用面粉先和成面团，再经水淘洗而成为面筋。将之稍放一会，它就产生了很强的黏性；

① 顾城：《你看我时很远》，载《顾城诗选》，河南文艺出版社，2018，第13页。

3. 将此黏面团插在长竿的顶端；

4. 循着蝉的叫声发现目标后，持竿从蝉的背后慢慢接近它，只要粘住一侧的翅膀，蝉就无法逃脱而被捉住。[①]

这种做法在本书笔者的家乡——鲁西南一带亦常用，其实这种粘蝉的方法自古已有之。

直到现在，这种风俗仍存在，捕蝉仍然是许多人童年时光中最饶有滋味的事情。笔者童年时期使用过的捕蝉方式，除上述方法外，还有两种。

一种是用牛尾巴上的毛套取。具体办法：

1. 先准备长杆一副（竹木皆可，顶端要细尖）；

2. 薅取牛（马）尾巴上的白色毛发，将毛结成活扣，系在长杆的顶端；

3. 发现蝉后，拿着杆子从蝉的背后套取，套取时注意从上往下套，套住蝉后，用力一拉，即可将蝉套牢。

这种操作，需要极大的耐心和极佳的技巧，虽然捕蝉过程甚是艰难，但却因为富有挑战性而引人入胜。

还有一种方法是用网来捕捉，具体办法：

1. 用铁丝折成一个圆形，然后用网子套好（网眼要细密些，也可用盛东西的塑料袋之类的物件）；

2. 将绳子固定在杆子的顶端；

3. 发现蝉后，在蝉的后面一卡，蝉就飞入网中了。

这种捕蝉方式，相对容易操作，而且取材较方便，为儿童所

---

① 孟昭连：《中国虫文化》，天津人民出版社，2004，第88页。

喜欢。

捕蝉的方法还有很多，相信很多人小时候都有类似经历，其中的乐趣历久弥新，令人回味无穷。

汪曾祺在《夏天的昆虫》中写道：

> 蝉大别有三类。一种是“海溜”，最大，色黑，叫声洪亮。这是蝉里的楚霸王，生命力很强。我曾捉了一只，养在一个断了发条的旧座钟里，活了好多天。一种是“嘟溜——嘟溜——嘟溜”，一种叫“叽溜”，最小，暗赭色，也是因其叫声而得名。蝉喜欢栖息在柳树上。古人常画“高柳鸣蝉”，是有道理的。北京的孩子捉蝉用粘竿——竹竿头上涂了粘胶。我们小时候则用蜘蛛网。选一根结实的长芦苇，一头撅成三角形，用线缚住，看见有大蜘蛛网就一绞，三角里络满了蜘蛛网，很黏。瞅准了一只蝉，轻轻一捂，蝉的翅膀就被粘住了。[①]

作者在这里介绍了蝉的品种、习性和孩童捕蝉的情形，字里行间流露着对昆虫的喜爱和对童年生活以及乡风民俗的眷恋。

作为中国古代诗歌中的经典意象，蝴蝶依然为现代诗人所青睐，现当代诗歌中蝴蝶意象非常多见。如，胡适《两只蝴蝶》：

两只黄蝴蝶，
双双飞上天；
不知为什么，
一个忽飞还。
剩下那一只，
孤单怪可怜；
也无心上天，

① 汪曾祺：《人间草木》，天津人民出版社，2014，第46页。

天上太孤单。[①]

这首白话诗原名《朋友》，发表于1917年2月的《新青年》杂志，被认定为现代文学史第一首白话文诗。无论在当时，还是今天，从诗体本身，这首诗都被评价为平平之作。但就其在文学史上的意义以及它传达的信息来看，一直被认为具有独一无二的价值。自此之后，一个不同于汉赋、唐诗、宋词、元曲、明清小说的文体开始出现。两只舞动着诗意翅膀的小蝴蝶飞入了中国新文苑，推动了新文化运动的发展。

又如，戴望舒的《白蝴蝶》：

给什么智慧给我，
小小的白蝴蝶，
翻开了空白之页，
合上了空白之页？
翻开的书页：
寂寞；
合上的书页：
寂寞。[②]

这首诗用白蝴蝶这一意象来比喻诗人眼中早已空白的书，不仅形象，富有韵味，而且更因为蝴蝶在我国传统文化中的特殊意味而使这首小诗意蕴更深，象征味更浓、更丰满。令人不由自主地联想到庄周梦蝶的故事，表达了诗人无法把握自己、无法把握现实、无法排遣心中郁结的极度迷惘之情。

又如，沈天鸿的《蝴蝶》：

蝴蝶是这个下午的一半

① 汪娟：《中国现代文学名著选读》，西安交通大学出版社，2016，第243页。
② 戴望舒：《戴望舒诗选》，人民文学出版社，2018，第126页。

另一半，我想起了落叶的叫喊
而花在开，花开的声音压倒了
落叶的幻象，以及
蝴蝶在我梦中
正在消失的飞翔
离开自己的躯体
怒放成一朵花，一生仅有一次
那蝴蝶，它的梦比我更深
但比秋天浅
蝴蝶，幸福得近似一种虚假
新娘样的蝴蝶
将远嫁何方？
蝴蝶与这个下午无关
我其实从未看见过蝴蝶
我只看见抽象的下午
它在花上俯身向下
忘川流淌[①]

诗人笔下的蝴蝶不仅是时空的一半，也是生命的一半。眼前飞来飞去的蝴蝶，不仅是实体的蝴蝶，也是我们能够想到的一切与美有关的憧憬，这样我们的心境会随之或者快乐，或者忧伤，但不可能不有所触动，不在记忆里留下痕迹。

梁祝化蝶的爱情故事在清代已经成型，并在民间广泛传播。近现代以来，随着电影等新的传播媒介兴起，梁祝故事的传播声势趋近高潮，而关于梁祝故事的演绎，也越来越充满时代气息。1926 年上海邵氏天一影视公司拍摄了《梁祝痛史》，将梁祝故事搬上了大银幕。1953 年上海电影制片厂拍摄了新中国第一部彩

---

① 王明韵：《中国新诗百年大系・安徽卷》，合肥工业大学出版社，2016，第 80 页。

色戏曲片《梁山伯与祝英台》，该剧通过草桥结拜、三载同窗、十八相送、楼台会、化蝶等几段戏曲的串联，将这个在民间流传已久的爱情故事，表现得淋漓尽致，是所有戏曲版本里影响最大的剧目，更是越剧舞台上的经典作品，可谓空前绝后。它不仅在国内风靡一时，在国际上也引起了轰动。1994 年徐克导演的电影版《梁祝》，2000 年及 2006 年电视剧版的《梁山伯与祝英台》都对梁祝故事进行了大胆的演绎，植入了现代爱情元素，在民俗文化中融入了时代潮流。

民间工艺品，如年画、版画、彩陶、剪纸、雕刻、舞蹈等艺术形式，取材于梁祝故事的创作也比比皆是。音乐尤为突出，1959 年 5 月 27 日，由何占豪、陈钢作曲的小提琴协奏曲《梁祝》在上海兰心大戏院首次公演，首演《梁祝》的是当时年仅 18 岁，还在上海音乐学院就读的俞丽娜，她凭借精彩的演奏一举成名。小提琴协奏曲《梁祝》以浙江的越剧唱腔为素材，按照剧情构思布局，综合采用交响乐与中国民间戏曲音乐的表现手法，深入而细腻地刻画了梁祝二人相爱、抗婚、化蝶的情节与意境，用奏鸣曲式写成。取材于民间故事《梁祝》中的“草桥结拜”“英台抗婚”和“坟前化蝶”三个主要情节分别作为乐曲的呈示部、展开部、再现部的内容。忠贞壮烈的爱情故事通过美妙的旋律，得到淋漓尽致的展现。

这支小提琴曲，是中国交响音乐民族化的代表。在 1960 年第三次全国文代会上，与其他一些文艺杰作被誉为：“是一个阶级，一个民族在艺术上走向成熟的标志”[①]。该曲成为中国现代民族化协奏曲中影响最为深远的名作之一。如今，《梁祝》已飞进世界音乐之林，成为国际乐坛上一只绚飞的中国彩蝶。

路工编著的《梁祝故事说唱集》及周静书和白石星主编的《梁祝故事集》更是蔚为大观，形式多样，为其他民间故事所不

① 冯步岭、高银华、冯安君：《中外音乐名作欣赏》，河南大学出版社，1994，第 228 页。

及。甚至连朝鲜、日本和越南等国也对其津津乐道，称之为“东方的罗密欧与朱丽叶”。

“旧时王谢堂前燕，飞入寻常百姓家”，历史进入现当代，去掉王冠袍服的王公贵族们也逐渐成为平民百姓，这时候的斗蟋与百姓生活更加贴近。由于外敌入侵，内战频发，民众生活在水深火热中，朝不保夕，又哪有心气顾及斗蟋。那时斗蟋之风虽然寂寥，却并没有绝迹。即使在日伪侵占时期，北平庙会上仍有出售蟋蟀的市场，摊贩从几十到数百不等，你来我往，熙熙攘攘。然而比起往昔，这情景就显得落寞了，只是斗蟋传统的残风余韵罢了。

这一时期还出版了一些介绍蟋蟀的文献。李文翀于 1930 年创作了《蟋蟀谱》一书，接着李石孙、徐元礼等又编辑出版了《蟋蟀谱》，全书十二卷，为盆图一卷，卷首一卷，谱十卷。此书卷帙浩繁，是一部集大成之作。

新中国成立初期，斗蟋蟀与麻将等娱乐活动一起被划归为非法并加以取缔，使得斗蟋之风销声匿迹数十年。

改革开放后，随着人们物质水平的提高，思想的解放，休闲娱乐文化不仅是民众的需求，也成为政府带动经济发展的重要渠道。而斗蟋作为重要的民俗娱乐项目，在民间形成了火爆之势。全国许多城市相继成立了蟋蟀协会、蟋蟀俱乐部等蟋蟀研究、娱乐性组织。蟋蟀市场在许多地区，尤其是在我国北方地区，盛况空前。有的地方，如山东省的宁阳县和宁津县更是提出了“蟋蟀搭台，经济唱戏”的口号，每年举行蟋蟀节，电视台也专门直播蟋蟀格斗观摩赛。上海、天津、北京等大城市成为斗蟋产业发展的核心地区。斗蟋甚至还走出了国门，外国媒体把中国的“斗蟋”作为我国古老的传统文化向全世界传播介绍。据中国蟋蟀协会会长吴继传介绍，至今我国大陆仍有大量蟋蟀爱好者。

现当代，关于蟋蟀的著作也层出不穷。如被称为“虫圣”的吴继传先后编纂了《中国斗蟋》《中国宁津蟋蟀志》《中国巨蟋油葫芦谱》《中国蝈蝈谱》《中华鸣虫谱》《中国蟋蟀画谱》等，不遗余力地推广和宣传蟋蟀和鸣虫文化。再如王世襄的《蟋蟀谱集成》，王际云的《斗蟋》，孟昭连的《蟋蟀秘语》《中国虫文化》等也是这方面的代表作。

在现当代文学领域，萤火虫依然受到文人的追捧。如胡适《湖上》：

水上一个萤火，
水里一个萤火，
平排着，
轻轻地，
打我们的船边飞过。
他们俩儿越飞越近，
渐渐地并作了一个。[①]

这首诗写了夏日傍晚，静夜行舟，作者观察一个萤火虫从掉进水里直至淹死的过程。生命的消逝被描写得如此美丽，体现了作者心中的浪漫情怀。当然，如果你用忧伤的语调慢慢低吟，也许还能联想到那个军阀混战的旧中国，进而体会出作者对脆弱生命的叹息。

又如，江帆《一起追萤火虫的日子》：

好想念那些日子
一起追萤火虫——小星星满夜空飞舞
光芒和笑声起伏
累了，像风停了
我们走向湖畔
坐看水中月

① 徐正华：《中国新诗百年精选》，百花洲文艺出版社，2019，第5页。

荷拖长了风的影子
月辉升起，我们挨着
聆听荷与月影轻轻絮语①

据说，萤火虫一生只有一个伴侣，当它们完成繁衍下一代的使命后，生命就到了终点。萤火虫从一而终，为爱付出一切，直到生命的尽头。因此，萤火虫在人们心中就成为忠贞爱情的美好象征。诗歌借萤火虫的意象营造了浪漫的气氛，歌颂了爱情的美好。

又如，柯蓝的散文诗《萤火虫》：

> 萤火虫在夏夜的草地上低飞，提着一盏小小的红灯，殷勤地在照看这个花草的世界。
>
> 萤火虫，你不觉得你的灯光太小了么？不觉得你在燃烧你自己么？
>
> 萤火虫没有回答。它还在不停地飞来飞去，提着它那美丽的用生命燃起的红灯，飞舞在万花之中……②

诗中描述的萤火虫，面对外界“灯光太小”“燃烧自己”的拷问，依旧无私奉献自己的光和热。作者对萤火虫的赞美和喜爱，在一定程度上也是对社会各行各业中默默奉献的普通人的崇敬。

歇后语是中华文明历经五千年历史的沉淀、淬炼、凝聚而成的含蓄而又幽默诙谐的汉语言艺术，反映了华夏民族特有的风俗传统和民族文化。歇后语以其独特的表现力，给人以深思和启迪，为广大人民群众所喜闻乐见。

在所有的动物中，萤火虫因为可以发明发光，被视为特殊的一员。人们在语言文化中恰如其分地利用其特殊属性创造了很多

---

① 《诗歌月刊》2006年第12期。

② 张永健：《中国当代短诗萃》，长江文艺出版社，1983，第120页。

歇后语，如："肚皮里吃了萤火虫——全明了""口吞萤火虫、蛤蟆（又称蚂蟥、蚂蚁、水牛、乌龟、蚰蜒、鸡、哑巴）吃萤火虫——心里亮（肚里明）"，都表示对某事或者某人心里清楚、明白；"萤火虫斗架——明打明"，则讲的是双方明刀明枪凭实力竞争或待人接物光明磊落，而不在背后做小动作；"夏天的萤火虫——若明若暗"，借萤光闪烁的习性来形容事情不明朗，发展不确定；"萤火虫的屁股——没多大亮"，用萤火虫萤光亮度的微弱来比喻人或者事情没有多大发展前途和作为；"萤火虫落在秤杆上——自以为是（或自以为是颗亮星）"，则形容主观不虚心，自以为是或一意孤行、执迷不悟；此外还有"萤火虫飞上天——假惺惺（星星）"等。

第二节　我国现当代昆虫文化资源的开发和利用

我国的昆虫资源极为丰富，与文化相关的昆虫种类和数量亦十分庞大，在《周礼》《博物志》《艺文类聚》等古代文化典籍中都有大量记载。如此丰富的昆虫文化历史资源，为后人进行昆虫文化资源的开发与利用提供了极为宝贵的财富。

古人对昆虫文化资源的开发与利用由来已久，如饮食文化中对昆虫资源的利用甚至可以追溯到远古时期。就昆虫文化资源的开发与利用这一课题的研究来说，也是自古有之。如《周礼》中就有关于制作、食用蚁卵酱的记载，此后历朝历代在其基础上不断开发和利用，昆虫食品就成为中国饮食文化的重要组成部分。再如，蝴蝶、蟋蟀、蝈蝈等民俗文化中常见的昆虫，在《齐民要术》《古今注》《博物志》《搜神记》《荆楚岁时记》《促织经》《分门古今类事》《农政全书》等古代文献中也可查证到对它们的观赏、养殖以及相关工艺制作方面的初步研究。

不过，总体上看，从古代一直到20世纪80年代，中国昆虫文化资源的开发与利用研究，还处于起步阶段，发展非常缓慢。

直到20世纪80年代中期，昆虫学家周尧、杨集昆，文化学者孟昭连等诸多专家学者开始对这一课题进行撰文、著书研讨，方才真正拉开了对昆虫文化资源研究、开发与利用的序幕。

那一时期出现了不少经典研究论著，主要有周尧的《中国昆虫学史》、彩万志的《中国昆虫节日文化》、王林瑶等的《有趣的昆虫世界》、王音等的《观赏昆虫大全》、孟昭连的《中国鸣虫与葫芦》、吴继传的《中国京津蟋蟀志》、文礼章的《食用昆虫学原理与应用》等。

其中，彩万志的《中国昆虫节日文化》以春夏秋冬为线索介绍了一年中有关昆虫的节日。而节日恰是民俗旅游中的重要文化元素，对昆虫与民俗节日的关系进行详细梳理，对促进昆虫文化旅游资源的开发与利用有着重要的意义。遗憾的是，该书对此缺乏更有深度的分析。孟昭连《中国昆虫文化》一书，从昆虫与神话传说、文学艺术等方面的关联，对昆虫文化资源进行了论述，但在昆虫文化资源的开发与利用方面，该书并没有过多的涉及。

20世纪90年代，针对昆虫文化资源的开发与利用领域，学术论文大量涌现，如对食用昆虫、观赏昆虫、节日昆虫等昆虫资源的民俗文化价值、旅游价值的开发与利用等研究，尤其是对昆虫文化资源开发与利用产业化方面的研究，颇具经济价值。

总体上看，时至今日，我国在昆虫文化资源的研究还处于初级阶段，进展缓慢，也谈不上系统化。这不利于对我国历史悠久而又丰富多彩的昆虫文化资源做进一步挖掘，也跟不上我国文化产业迅速发展的步伐。因此，迫切需要大力推进这方面的研究，特别是需要加强对昆虫文化资源开发与利用理论、路径、模式、对策的研究，从而促进我国的昆虫文化遗产保护，产生更多的社会和经济效益。

一、食用昆虫文化资源的开发和利用

孙中山先生在其《建国方略》一书中说："中国所发明之食

物，固大胜于欧美，而中国烹调法之精良，又非欧美所可并驾。”[①] 这一评价用在我国的食虫文化上也是恰如其分。

食虫文化延续至今，得到了较好的传承，也被越来越多的人认识和接受。充满智慧的中华儿女在虫菜的种类、食用的方式、烹饪的工艺等方面均进行了不同程度的创新，而在昆虫的饲养、昆虫食品加工、营销、贸易等领域市场化、产业化方面也迈开了坚实的步伐，总之，食虫文化呈现出了生机勃勃的发展势头。

但是，我们也应该看到，我国目前的食虫文化发展过程中也存在诸多问题，如果我们不去认真对待和排除，这些问题就会阻碍食虫文化的发展。概括来说，这些问题主要有：

第一，人们对食虫文化在观念和态度上还存在着误区，许多人对食虫习俗在思想上是不接受的。由于形态或颜色等外在原因，许多人看到昆虫便会心生恐惧，从而滋生了排斥情绪，唯恐避之不及，更何况要把它们吃下去。这些人认为食虫是一种陋习，更有甚者认为这是一种变态的饮食习惯。

人们之所以产生这种心理，一方面出自偏见。1885 年，英国昆虫学家霍尔特在其《为何不吃昆虫》中谈到，不吃昆虫或其他引不起食欲的动物缘于人们对这些东西持有不可理喻的偏见。他在书中一开始就引用圣经《利未记》第 11 章第 22 节：“其中有蝗虫、蚂蚱、蟋蟀等，这些你们都可以吃”[②]。书中介绍了世界上吃昆虫的民族，并指出不吃昆虫是人类一大损失。

正如英国某社区大学讲师大卫所说：“人们乐意吃龙虾、螃蟹和虾，这些东西其实就是生活在海里的昆虫，可为什么不能接受陆地上的昆虫呢?”虾、其他甲壳动物还有昆虫其实都属于节肢动物类别，大卫提醒人们说，那些难以接受吃蚂蚱或甲虫幼虫的人应该清楚，像龙虾这样的美味通常以海里的垃圾和腐肉为

---

① 孙中山：《孙中山文选》，九州出版社，2012，第 191 页。

② 刘幸：《世界未解之谜全解》，安徽科学技术出版社，2004，第 613 页。

食，而昆虫吃的是新鲜植物，喝的是干净露水。[①]

另一方面，人们对食虫的排斥，很大程度缘于对昆虫缺乏了解。如果能多一些对昆虫的了解，或许人们就能从根本上改变自己的厌恶情绪，甚至会欣然接受食虫习俗。

早在两亿四千年前，昆虫就已经在地球上出现了，相对于大约只有300万年历史的人类，它们是自然界中更长久的居民。就种类来说，目前，人类已知的昆虫约有100万种，但仍有大量未知的种类有待探索；就数量来说，昆虫是地球上现存数量最多的动物群体，从赤道到北极，从高山到海洋，从平原到江河湖泊，从地表到土壤……在自然界各种各样的生态环境中处处可以寻觅到昆虫的踪迹。

昆虫与人类有着千丝万缕的关系，与人类的生活密不可分。多种昆虫对人类的生存起着至关重要的作用。比如，有些昆虫可以帮助植物传播花粉，而有些昆虫则是两栖类、鸟类及陆栖哺乳类动物的重要食物来源。如果没有昆虫，陆地的生态环境将会全面崩溃，而人类也将因为失去生存的条件而遭遇灭顶之灾。当然，有些昆虫也会给人类带来深重的灾难，如农业害虫会给农业生产造成巨大的损失，林类害虫会破坏广袤森林，等等。但据科学家统计，在地球上已知的100多万种昆虫中，对人类有害的昆虫约8万余种，能真正造成危害的只有3千余种，而在同一地区能造成严重危害的昆虫不过几十种而已。以上数字可以证明昆虫对人类的影响利多弊少。

昆虫具有丰富的营养价值，而食用昆虫还具有医疗保健的功效。

据刘志皋主编的《食品营养学》所述，昆虫的营养价值非常丰富。昆虫的蛋白质含量是人们最常食用的肉类、蛋等食物的数倍或数十倍。以蛋白质含量较高的鸡肉作参照，柞蚕幼虫的蛋白质含量是其1.37倍，柞蚕蛹的蛋白质含量是其2.31倍，胡蜂蛹

---

① 《南都周刊新闻》2008年11月21日第269期。

的蛋白质含量是其 2.94～3.47 倍。多数可食用昆虫含有人体必需的 8 种氨基酸，并且大多数所含的人体必需氨基酸含量超过联合国粮农组织（FAO）推荐食品的多倍，且各类元素含量均衡。昆虫体内富含多种不饱和脂肪酸，作为人体生长和代谢所必需的要素之一，不饱和脂肪酸是肌体能量的主要来源，又是细胞的组成部分。大多数昆虫体内还富含有维生素 A、维生素 D、维生素 E、维生素 B_1、维生素 B_2、维生素 B_{12} 等维生素和钙、钾、磷、锌、铁、镁、锰、硒等多种微量元素。柞蚕和雄蛾所含的维生素 E 及有机硒的含量是其他食品所无法相比的。昆虫食品的功能性因子与安全性均需通过了动物的毒理学实验和功能检测验证，如柞蚕、雄蛾的营养提取液，经毒理学和人体老化细胞等试验，证明其无毒且对提高人体免疫力功效显著。①

长期临床应用研究表明，许多昆虫或其营养提取液具有医疗保健价值。①散风解表：如蝉蜕；②润肺：如蜂蜜；③清热泻火：如紫草茸；④利尿渗湿：如蟋蟀；⑤祛风湿：如蜂毒；⑥平肝息风：如僵蚕；⑦理气：如九香虫；⑧活血祛瘀：如地鳖虫；⑨补益：如蚂蚁、雄蚕蛾、冬虫夏草及蜂蜜；⑩收敛：如五倍子；⑪生肌：如虫白蜡；⑫攻毒：如斑蝥；⑬开窍：如蚱蜢；⑭止血：如蚕沙；⑮明目：如萤火虫；⑯化痰止咳：如洋虫；⑰抗癌：如斑蝥素、蜂毒素、蜣螂素、蜂王酸、蟑螂油等；⑱抗风湿：如蜂毒安度肽、斑蝥素、蚁酸等；⑲外用：如土鳖虫等。②

可见，昆虫所具有的蛋白质含量高、维生素及微量元素涵盖广泛的特点，以及其丰富的医疗保健价值，使其成为一种极为理想的食物资源。尤其是在世界人口增长，对蛋白质的需求量越来越大，而牛奶、鸡蛋、鱼、肉等日常蛋白质来源远远不能满足人类需要的大背景下，开发可食用昆虫资源就显得愈发迫切。

第二，对食虫文化方面的研究十分薄弱。中国食虫文化历史

---

① 刘志皋：《食品营养学（第二版）》，中国轻工业出版社，2004，第 240 页。

② 张宏宇：《药用昆虫养殖技术》，广东科技出版社，2001，第 2 页。

悠久，它植根于中华数千年传统文化的沃土中，深受儒家思想和封建宗法观念的浸染以及道教和佛教文化的影响。而中国的国体、国民性、伦理道德、意识形态的历史演变都会对其施加深刻影响，使之具有鲜明的“个性”。所以，考察中国的食虫历史，特别是那些带有原始气息、封建烙印、宗教意识和神秘色彩的食虫民俗事象，可以从不同侧面了解到广阔的社会生活图景，帮助人们观察和理解政治、经济、文化领域中的许多现象及其本质，从而促进可食用昆虫资源的开发和利用，产生良好的经济效益。但是就目前来说，对这一领域的研究还相对缺乏，因此，对食虫文化的产生和演变进程进行研究和总结对于推动食虫文化的传承和发展以及实现可食用昆虫资源的开发和利用意义十分重大。

第三，对食虫文化产业开发程度较低。早在 1980 年第五届拉丁美洲营养学家和饮食学家代表大会上，专家们就提出，为了解决人类食品短缺的问题，应该把昆虫作为食品来源的一部分。[①] 2012 年 1 月，FAO 在罗马召开了技术咨询会议，其主题就是“评估将昆虫作为食物和饲料以保证粮食安全的潜力”。来自世界各国的 37 位在昆虫养殖、植物保护和食品工程等领域的专家学者汇聚一堂，商讨昆虫食物对于解决粮食问题和其他社会、环境问题的积极作用。

而联合国后续在泰国举办的会议上指出，昆虫体内富含矿物质和蛋白质，可成为重要食物来源，用于应对干旱等自然灾害和其他紧急情况。联合国粮食及农业组织官员帕特里克·德斯特说：“如果不违背当地文化和习俗，食用虫子可被视为一种应对饥饿的解决方案。”日本一科学家甚至提议在航天器中建造养虫场为宇航员提供食物，“在这种环境中养虫比养牛和养猪更实际”。[②]

FAO 在 2013 年发布的一份题为《可食用昆虫：食物和饲料

① 张传溪、许文华：《资源昆虫》，上海科学技术出版社，1990，第 108 页。

② 《联合国推广吃昆虫》，《中国烹饪》2008 年第 4 期。

保障的未来前景》的报告指出，未来十年内人类的膳食结构将会发生巨大变化，按照当前的人口增长速度，十年内地球将无法承受畜牧业与养殖业的增长负荷，届时由家禽牲畜组成的传统膳食结构将消失，取而代之的是自然界规模最庞大的种族——昆虫。[①]

因此，我们应当打破传统饮食习惯和偏见的束缚，树立新的饮食观念，让越来越多的人接受昆虫食品。正如联合国粮农组织与荷兰瓦赫宁根大学合著的一份报告——《可食用昆虫：食物和饲料保障的未来前景》中所指出的："历史证明，饮食习惯可以很快转变，尤其在全球化的世界。生鱼放入寿司中很快被大众接受，这是个好例子"[②]。

自 20 世纪 90 年代起，中国开始重视昆虫食品的开发研究。1998 年 10 月，中国昆虫学会在西安举办了"食用、饲用昆虫利用和发展研讨会"，专家们就昆虫食品、饲料的产业化及其合理利用进行了探讨。许多高校和科研机构也加大了对昆虫食品研究开发的力度，如山东大学成立了昆虫蛋白质研究所，华中农业大学成立了昆虫资源研究室等，部分地区依托科研成果建起了昆虫产业化实体，取得了令人振奋的成绩。

目前，对食用昆虫的综合开发利用主要表现在两大方面：

其一，对昆虫菜品和昆虫食品的开发和利用。

综合来看，这种开发可以分为两类。一类是饮食文化中的传统昆虫菜品以及后续新发明的虫菜。传统的虫菜，包括油爆蚕蛹、油炸知了、香酥螳螂、虫草鸭子、银耳蚕蛹等。新发明的昆虫菜肴不胜枚举。1996 年 10 月在武汉召开的全国资源昆虫产业化发展研讨会上，昆虫专家和大厨们就为参会的代表们精心策划和准备了令人大开眼界的昆虫宴，天鸡虾排（蝗虫）、椒盐金豆（蚕蛹）、朱银双爆（红铃虫）、干煸旱虾（黄粉虫）等 15 道菜肴

---

① 苑二刚：《食用昆虫时代或将到来》，《民生周刊》2013 年第 19 期。

② 《多吃昆虫缓解粮荒》，《新华每日电讯》2013 年 05 月 15 日第 6 版。

不仅命名巧妙，而且制作精良，令人垂涎欲滴。

另一类是以食用昆虫为主要原料制成的营养品与保健品。市场上出现的相关营养品主要有：蜂王幼虫蛋白粉和氨基酸营养液、蜂王浆冻干粉、雄蜂蛹酒、黄粉虫、蚕蛹蛋白面包，蚕丝蛋白饮料与果冻等。

除了中国，世界各地昆虫菜和昆虫食品的开发也在蓬勃发展。据统计，全世界开发成功的昆虫美食品种已超过 2 万个，其中，德国年产昆虫罐头产品达 8 000 吨，日本 1992 年仅稻蝗罐头的销量就超过 1 000 吨。

其二，对昆虫蛋白资源的开发和利用。

随着世界人口增长，由于各方面的原因，许多人营养不良，而蛋白质摄入量不足是危害人类健康的头号杀手。许多昆虫的蛋白质含量非常高，而世界上可食用昆虫的数量巨大，这无疑是摆在人类面前的一座营养宝库。因此，科学合理利用昆虫资源，将成为解决动物蛋白供应不足的一条最有效的途径。

我国在昆虫资源的开发和利用方面取得了一些成绩，但仍存在不少问题。如技术和资金投入相对较少，造成相关基础研究薄弱，限制了昆虫食品开发的品种和数量；昆虫食品加工企业总体规模小，产业化程度低；昆虫食品层次单一，缺乏知名品牌；昆虫食品营销范围狭窄，限于本地市场，且昆虫产品市场混乱无序难以形成合力。

这些问题产生的原因，从根本上看是企业在发展过程中忽视了文化建设的结果。虽然食虫文化作为一种民俗，是在食虫产业链上存在和发展的，食虫产业是其载体，但是作为一种思想意识，它又具有相对独立性，可以反作用于食虫产业。通过积极推进食虫文化研究，可以为与昆虫饮食有关的餐饮业注入文化活力，促进餐饮业以及与之相关的旅游业的整体发展；可以形成昆虫食品的文化品牌，推进市场营销，促进昆虫食品加工业的发展，增加就业，最终实现文化效益和经济效益的双丰收。

在今后，对于我国昆虫文化资源的开发和利用需要做好一系列工作。

第一，加强宣传力度，改变人们对食虫民俗的偏见，普及食虫习惯。

为了改变人们对食用昆虫这一传统民俗的偏见，世界各地的食用昆虫倡导者开展过各种宣传活动，尤其是在强烈抵触食虫的部分西方国家，食虫倡导者为更多的人可以加入食虫人行列而努力。美国艺术家和大学教授 Marc Dennis 创建了指导人们如何吃虫的网站 insectsarefood. com；科普作家 David George Gordon 的作品《The Eat - a - Bug Cookbook》受到广泛好评，他的个人网站 davidgeorgegordon. com 也向人们展示了诸如蝗虫烧烤、蟋蟀面、油煎蝎子等美食菜谱；荷兰的昆虫经典公司（Bugs Originals）生产的冻干蝗虫和冻干面包虫已经在丹麦食品批发和超市集团 SLIGRO 的连锁便利商店里出售。[①]

食虫的习俗在中国历史悠久，但是，食虫习俗目前还没有被主流饮食文化所接纳。许多人的食虫行为还是出于尝鲜和猎奇心理。在过去，受经济和科技发展水平的约束，人们并没有意识到昆虫食品丰富的营养价值和医疗保健功能。随着经济和科技的发展，人们生活水平的提高，营养和健康的饮食方式已经成为越来越多国人的生活追求，昆虫作为食物的优势将吸引更多人的关注。

据专家们预测，昆虫有可能在 21 世纪成为仅次于细胞生物和微生物的人类第三大类蛋白质来源。

第二，加强对食虫文化的基础研究。

我国食虫文化资源非常丰富，各地民俗风情多样，食虫民俗事象亦是丰富多彩。当前，可从以下五方面重点研究食虫民俗事象：

其一，当地饮食系统包括的主副食、调味品、烹制技法、菜

---

① 《为了更美好的世界，一起来吃虫子吧》，http：//www. yogeev. com/article/28852. html，访问日期：2018 年 6 月 5 日。

品风味、养生食疗观念等。这方面的研究，将为各地科学调整昆虫食品结构提供依据。

其二，当地食用昆虫资源及其利用中的民俗传承，包括昆虫培育、采集、加工，相关食品制作、储藏、销售、命名、品尝以及有关的传闻。这方面的研究，将为进一步开发可食用昆虫资源和增加肴馔品种提供参考。

其三，文化史上，昆虫食品在日常饮食、节令饮食和礼仪饮食中的民俗惯制，包括日常生活的食谱、节令食品的制作、庆典祭祀中昆虫食品的运用等。对这一领域研究可以让我们了解历史饮食文化典故中所包含的昆虫民俗事象，进而为今天食虫文化的发展提供借鉴。

其四，古今中外不同民族人群的食虫禁忌与特殊信仰。这一研究，可以使相关单位更有针对性地接待食虫宾客，更好地执行民族政策和宗教政策，提高宾客满意度。

其五，昆虫食俗中的口头语言传承事象以及与昆虫相关的餐旅业的民俗标志（主要指饮食业术语）。这一研究，将为编写食虫行业志积累资料，为调整食虫餐旅业经营管理思路提供借鉴。

为了完成上述研究任务，我们应当运用科学的方法和先进的手段，通过查阅史料、实地考古或民间调查，对至今仍出现在社会生活中的食虫民俗事象进行广泛搜集与系统整理，逐步推进中国食虫文化资源的理论研究和开发利用的进程。同时，将理论渗透到餐饮实践中，进而影响烹调师、面点师、宴会设计师和餐旅业管理者的工作思路。未来我国的食虫民俗将逐步向民族化、地域化、季节化、风味化、精细化和科学化的标准过渡，食虫文化在经济建设中也会发挥更显著的作用。

第三，加强对食虫文化资源开发和利用的产业化建设。

在我国博大精深的饮食民俗文化中，食虫文化具有特殊的地位，但对其开发和利用的程度还远远不够。目前，我国对食虫文化资源的开发，主要集中在食虫文化与旅游餐饮业的结合方面。

在旅游业餐饮中，饮食不能仅仅停留在满足游客生理需要的基础层面，一定要展现出地方特色和文化，这样才会促进旅游业的深度发展。中华饮食取材丰富，菜品繁多，更为重要的是，它还具备审美感和艺术性等精神内涵。而通过饮食寄寓平安吉祥的美好心愿更是我国饮食民俗文化的精髓。例如，在我国许多民族地区广泛存在的“吃虫节”，既可以理解为一种预防虫灾、确保粮食丰收的科学手段，又代表了人们防疫祛病、祈求健康平安的精神需要。

目前，我国旅游业中对食虫文化的开发和利用还不够系统。即使有零星的开发，也仅仅停留在表面上，产业性的开发尚未成型。为了加快我国食虫文化资源开发和利用的产业化进程，需要做好以下的工作：

其一，发挥政府对食虫文化产业发展的主导作用。目前，我国食虫文化产业的发展还处于自发的分散状态，企业各自为战，无序发展，难以形成合力，这不利于整个行业的发展和壮大。因此，政府应该发挥行政优势，一方面加大宣传力度，调整人们的饮食观念，同时，加强科研和人力投入以促进基础研究。另一方面，从资金和税收方面提供优惠政策，鼓励更多企业投入到食虫文化产业开发这一潜力巨大的市场中来。另外，政府还要发挥宏观调控的作用，协调各企业间的发展方向，促进食虫文化产业产前、产中和产后的集团化、集约化发展。

其二，强化对食虫文化产品主体形象的宣传。食虫文化开发领域的相关企业要把宣传食虫文化产品的主体形象作为市场营销工作的重要组成部分，纳入工作计划和管理目标。企业要重视对食虫文化产品的总体策划和包装，并通过各种渠道对食虫文化产品主体形象进行广泛而持久的宣传。

其三，加强对饮食市场的调研。各企业要安排专人对饮食市场进行深入调研，从而根据市场的变化和发展规律，根据不同地区、不同消费档次、不同消费心理消费者的需求，开发食虫文化产品，不断推出有吸引力、有卖点的新产品。

二、蝴蝶文化资源的开发和利用

观赏性昆虫是指具有美感，可供人们赏玩、娱乐以增添生活情趣、有益身心健康的昆虫。而观赏昆虫，作为一种民俗活动也有着悠久的历史。对观赏性昆虫资源的开发和利用是昆虫文化资源开发和利用的重要组成部分。

在大自然中，蝴蝶美丽的身姿遍及人们生活的每一个角落。千姿百态、五彩斑斓的蝴蝶，翩翩飞舞，呈现出和谐温馨、生机勃勃的美丽画卷，点缀和美化着人们的生活。人们对历史悠久而又内涵丰富的蝴蝶文化资源，在旅游业进行了广泛而深入地开发和利用，产生了较好的经济和社会效益。

对于蝴蝶文化的开发和利用主要表现在以下几个方面：

第一，建立以观赏蝴蝶为主题的蝴蝶景区。

色彩艳丽、身姿优美的蝴蝶是昆虫世界中最受人类喜爱的昆虫之一。对蝴蝶文化资源的开发和利用，已成为世界各国旅游观光产业发展中的亮点。如英国西南部布克法斯特雷的“蝴蝶乐园”，泰国巴堤雅东芭乐园的“蝴蝶景区”，新加坡的“昆虫博物馆”，等等，都非常有特色。

我国有着丰富的蝴蝶资源，据估计约有 1 500 多种，目前已经发现并确认的有 1 200 多种，分为 12 科 246 属。在中国的传统文化中，与蝴蝶有关的神话传说、民间故事、诗词歌赋、民俗节日更是不胜枚举。所以在蝴蝶文化资源的开发利用中，我国有着得天独厚的优势。近几十年来，我国许多地区结合蝴蝶文化资源，大力发展旅游观光产业，取得了非常好的经济和社会效益。

这些以蝴蝶为主题的旅游观光产业，主要包括三种类型。

一种是利用天然蝴蝶资源，开辟蝴蝶游览区。

蝴蝶喜欢群居，往往数十万乃至数百万只的蝴蝶，在适合其生存繁衍的山谷中聚群而居。在有些山谷，一年四季都有蝶群在鲜花与茂草中翩翩起舞，花草与蝴蝶相映成趣，勾勒出一幅和谐美丽的天然图画。人们把这样的山谷叫“蝴蝶谷”。如我国台湾地区高雄市美浓镇双溪上游的“黄蝶翠谷”，长达500米的狭谷碧树成荫，山花如绣。那里有两种四式淡黄色蝶群，每年有2～3个繁殖期，每期育100万只蛹。淡黄色的蝴蝶几乎在同时破蛹而出，令参观者流连忘返。而屏东县来义乡有个“紫蝶幽谷”，蝴蝶皆为紫斑蝶，这种蝶具有很强的趋光性，夜里在幽谷中点起一把火，蝶群就会像河流般涌向灯火，蝶翼的拍动声如溪泉奔腾，场景十分壮观。此外，台湾地区还有“埔里蝴蝶谷”“六龟彩蝶谷”等蝴蝶谷。目前，这些蝶谷已逐渐发展成为成熟的游览区，每年可接待数百万游客。

再如，我国大理的蝴蝶泉。蝴蝶泉，是著名的游览胜地之一，风光秀丽，泉水清澈，具有天下罕见的奇观——蝴蝶会。每年到蝴蝶会时，成千上万的蝴蝶从四面八方飞来，在泉边漫天飞舞。蝶大如巴掌，小如铜钱，无数蝴蝶钩足连须，首尾相衔，一串串地从大合欢树上垂挂至水面，蔚为壮观。随着反映白族生活的影片《五朵金花》的传播，蝴蝶泉更是蜚声中外。我国除了大理蝴蝶泉外，比较著名的还有枣庄蝴蝶泉、阳朔蝴蝶泉等。

另一种是建立蝴蝶园。

根据蝴蝶的生物学特性将其集中放养于适宜其生长、繁殖的区域，作为旅游景区的一个景点，供游客观赏并且创建与之相关的文化活动。这种蝴蝶园适合建立在某些山区的峡谷中，比如可以建立蝴蝶长廊景区，供游客零距离接触蝴蝶、捕捉蝴蝶，然后制作标本。还可以建立专门的孵化室供游客学习蝴蝶知识，观察蝴蝶从卵到美丽成虫的神奇变化。亦可以结合佛教、道教的放生理念，组织游客参与规模不一的蝴蝶放飞活动。

目前，我国已经建立了多处蝴蝶园。如，北京七彩蝶园，该园占地面积达920亩，年产蝴蝶500万只，养殖名优蝴蝶30余种，是目前亚洲规模最大的活体蝴蝶观赏园。该园集蝴蝶养殖、观赏、科普教育及其他文化活动为一体，分为蝴蝶观赏区、蝴蝶科普世界、放飞广场、DIY体验区等多个区域。游客可以与蝴蝶近距离接触，观赏蝴蝶标本，制作蝴蝶画等。

还有一种是建立蝴蝶博物馆。

这种蝴蝶博物馆主要是分科、属、种收藏中外蝴蝶标本和蝶艺品，具有旅游参观、科普教育、科学研究等综合功能。如南京科教蝴蝶博物馆、广州中山蝴蝶博物馆等。

全国各地各种蝴蝶景区的数量还在持续增加，据笔者统计，各地已经建立的各类蝴蝶景区116处。

我国蝴蝶景区的建设和发展虽然呈现了良好的势头，但是相对于其他类型的旅游产业园来说，它还处于发展初期，尚在摸索阶段，因而在开发和运营中还存在不少问题。

笔者曾对各地有代表性的蝴蝶景区进行实地调研，如云南大理蝴蝶泉、北京七彩蝴蝶园、南京科教蝴蝶博物馆等。调研方式主要有两种：一种是与景区负责人进行访谈和对旅游产品进行现场考察；一种是对游客进行随机采访。调研显示，目前蝴蝶景区中对蝴蝶文化资源的开发存在以下问题：

其一，蝴蝶文化资源开发的深度不足。

“文化是旅游的灵魂，旅游是文化的载体。旅游是一种经济活动，更是一种文化活动。一次难忘的旅游，必定是一次文化之旅、精神之旅。”[①] 旅游是满足人们心理需求的活动，是人们把内心文化愿望付诸实现的行为过程。只有那些富有深刻文化内涵的旅游产品，才会让游客产生强烈的满足感。蝴蝶文化历史悠久，内涵厚重，但真正对之有深刻了解的游客并不多。目前大多数蝴蝶景区还缺乏由积极有效的解说系统以及先进的现代信息技术手段等要素构成的旅游产品，蝴蝶文化内涵尚未得到充分呈现，难以满足游客对蝴蝶文化渴求了解的愿望。因此，在开发蝴蝶文化资源时，不仅要注意构建现代化、富有时尚气息的外在形式，更要注重发掘蝴蝶文化的深刻内涵，只有两者结合而成的旅游产品才会让蝴蝶文化永葆生机和活力。

---

① 刘云山：《文化是旅游的灵魂——在2010博鳌国际旅游论坛上的主旨演讲》，《今日海南》2010年第4期。

其二，景区内缺乏供游客参与体验的旅游产品。

目前，大多数蝴蝶景区只能提供初级的观光浏览型旅游产品，这些旅游产品主要是以静态景观方式呈现，那些与蝴蝶文化相关的历史遗迹、雕塑、艺术品等以集中陈列的方式供游客观赏。这种方式虽然直观，但未免单调，游客无法亲身参与相关活动，因而很难真正体会到蝴蝶文化的精妙之处，从而降低了对景区的评价。因此，设计者们一定要把体验式旅游理念融入蝴蝶景区的旅游产品规划中，深度整合旅游产业链条中“吃、住、行、游、购、娱”的各个环节，从而打造出个性独特的旅游产品，为蝴蝶景区的发展开辟出一条新的道路。

其三，景区旅游产品的主题不突出。

拥有一个辨识度高的特色主题，是旅游景区在市场竞争中立于不败之地的法宝。“只有将旅游产品的概念进一步提炼、升华为形象化、情节化甚至戏剧化的主题，才能对旅游消费者产生足够的吸引力和感染力。”[①] 蝴蝶景区只有确立鲜明的主题，才能打造出与众不同的旅游产品。从挖掘文化特性入手提升景区的旅游层次是，使景区长久保鲜、获得持久生命力的最佳手段。

其四，景区内缺乏具有蝴蝶文化特色的高质量旅游纪念品。

游客来到蝴蝶景区总是希望购买到极具蝴蝶文化特色的有收藏价值的旅游纪念品，然而目前蝴蝶景区里的旅游纪念品不仅品种少、形式和内容千篇一律、蝴蝶文化的蕴含不足，而且制作水准不高。造成这种局面的原因，一方面，是由于纪念品的设计者缺乏对蝴蝶文化全面而深入的了解，难以在产品开发中找寻到融入了蝴蝶文化特色的新颖创意。另一方面，是受经济利益的驱使，景区经营者往往过分看重收益，进而降低了对旅游纪念品的质量要求。

蝴蝶景区在对蝴蝶文化资源进行开发的过程中，要贯彻深度

---

① 宋文丽：《旅游项目策划初探》，《重庆师范学院学报（自然科学版）》2006年第1期。

挖掘、动静结合、主题明确的原则，针对现存问题逐一突破。以下从四个角度对蝴蝶文化资源的开发作具体阐释。

（一）对蝴蝶诗词的开发

纵观历史，文人墨客为我们留下的蝴蝶诗词不胜枚举，充分挖掘蝴蝶诗词这一文化资源，按产业化模式进行旅游产品的规划和运作，可以促进蝴蝶文化资源的深层次开发，有效增强蝴蝶景区的文化品质。具体来讲，蝴蝶景区可以从以下几个方面开展工作：

1. 将蝴蝶诗词用于园区的形象宣传

充分发挥诗词朗朗上口、易于传播的特点，把蝴蝶诗词作为景区形象的宣传载体。在广告产品规划时要充分发挥“名人”效应，推荐做法是：

（1）精选著名诗人创作的有代表性的蝴蝶诗句用作景区的宣传标语，并通过多渠道全方位进行宣传。

（2）将经典蝴蝶诗词体现在导游词设计、景区宣传手册、宣传海报中等。

2. 建立蝴蝶诗词碑林

我国许多旅游景区都建有诗词碑林。如中国翰园碑林、苏州碑刻博物馆、西安碑林博物馆等。这些碑林囚传达了中国文化经典而家喻户晓，深受游人赞赏和喜爱。由此联想，蝴蝶景区也可以建立蝴蝶诗词碑林，建议做好以下几点：

（1）可以把成千上万首的蝴蝶诗词镌刻下来，建造质量上乘的各种规格、各种形貌的碑褐数千块，形成规模宏大的蝴蝶诗词碑林。

（2）碑林创建过程中要确保艺术品质。建议邀请著名的书法家挥毫泼墨，以及雕刻家操刀镌刻，以保证碑林的艺术水准。

3. 举办以蝴蝶诗词为主题的文学活动

针对蝴蝶景区中游客体验性旅游产品缺乏的问题，在日后蝴蝶景区的旅游产品设计中，可以着力开设以诗词为主题的文学性互动项目。建议采取以下形式：

（1）举办蝴蝶诗会。可以邀请著名的诗人、朗诵家或者研究诗词的知名学者参加，与游客一起，进行蝴蝶诗词吟咏大赛、蝴蝶诗词创作竞赛、古诗译文比赛、蝴蝶诗词鉴赏评比、历代蝴蝶诗词残句续补等活动。

（2）举办蝴蝶诗词书法会演。书法作为中国的传统艺术，能够怡情养性、陶冶情操，深受人们喜欢。可以在蝴蝶景区举办多种形式的蝴蝶诗词书法会演。可以邀请国内外著名书法家前来助阵；可以邀请爱好书法的游客，现场执笔临摹书法大家作品或现场创作书写；还可以联合纸媒、平面媒体或网络媒体举办毛笔、硬笔、石刻等多种形式的蝴蝶诗词书法比赛、品评等主题活动，并进行现场直播，以扩大宣传力度。

（二）对蝴蝶神话传说的开发

梁祝化蝶的神话传说，可谓家喻户晓，妇孺皆知，与《孟姜女哭长城》《牛郎织女》《白蛇传》一起，被誉为“中国四大民间传说故事”。

因此，蝴蝶景区可以确立以梁祝化蝶为线索的旅游主题，把观赏性的静态景观产品和参与性的动态项目相结合，创新旅游产品。具体可以从以下几方面入手：

1. 举办有关梁祝化蝶神话传说的演艺活动

具体来讲，可以规划以下几种类型的演出：

（1）室外实景演出。这类演出项目的规划，要充分依托当地蝴蝶景区得天独厚的自然资源，并把梁祝化蝶的神话传说与当地特有的民俗民风有机融合。以自然山水为舞台，综合运用声、光、电等高科技现代手段可以营造出绚烂多姿的舞台效果。如，借助夜景灯光、3D技术等科技手段，可以将梁祝化蝶的动人瞬间逼真地展现出来，让游客身临其境感受到蝴蝶纷飞的唯美场景。

（2）室内外舞台类表演。室内外的舞台表演，是传统的表演形式。这类节目一般规模不大，在相对固定的舞台举行，根据舞台效果的需要可选择在白天或晚间演出，演出节目多以情节推动和故事陈述为主要特色的歌舞剧、话剧、戏曲、相声、小品、评书、脱口秀、真人秀等表演形式为主。这类演出可以采用成熟的梁祝神话传说剧本，也可以根据演出需要进行适当改编。可以邀请国内知名演出团体、明星演员前来参演，以保证节目的可观赏性。也可以提供一定的场地、设施和内容，鼓励游人自主表演，以提升活动的参与度。

（3）室外巡游类演出。这类演出一般选择在蝴蝶景区的广场进行，规模可大可小。可以选取在当地流传的梁祝化蝶神话传说中有特色的人物形象，采用中国传统戏曲中的脸谱和戏服对演员进行装扮，或将人物形象卡通化后通过演员予以演绎，并运用队列，配以鼓乐、舞蹈、杂技、彩车等辅助形式，在每天固定的时间进行多场次表演。

2. 在静态景观产品的设计中融入梁祝化蝶

在蝴蝶景区的静态景观产品设计中，可以把各种体裁下梁祝神话传说中包含的图腾、神灵、人物等文化元素，通过新颖的文化创意展现出来，提升游客的兴趣。具体可创建以下主题景观：

（1）园区酒店宾馆、纪念品和日常商品经销点、园区大门、园区广场、园区博物馆等。

（2）演艺剧场、演艺舞台、演艺道具、园区门票设计以及图腾柱、游步道、文化长廊等。如，修建一条蜿蜒的“爱情小道”，七彩“鹊桥”，为情侣们提供浪漫约会的场所等。

（3）景区的游览车、标志牌、雕塑、碑刻、工作人员的服装鞋帽、植物造型等。

（4）建立爱情博物馆。可以按照博物馆的形式，设计两个主题，一个是幸福相恋主题，另一个是失恋纪念主题。这两个主题都可以通过蝴蝶诗词、戏剧、小说、音乐、剪纸、书法、画报等内容构建，通过 3D 壁画、雕塑、动画等方式来进行多角度演绎。

3. 对有关梁祝化蝶神话传说的文化遗迹进行景观复原

在蝴蝶景区的规划建设中，有条件的地区可以结合旅游市场热点，顺应当地的自然和地理环境，有选择地修复那些残存或已经消亡的文化景观，实现神话传说的可视化再现。

以山东济宁地区为例，如果要规划蝴蝶景区，在梁祝文化遗迹的景观复原领域可以参考以下设计思路：

（1）峄山是神话传说中梁祝读书、定情的地方，这里流传着很多他们生活和学习的故事。在《峄山旧志》《峄山新志》等文献中均有所记载。据此，可以恢复建设“梁祝读书洞”“古僧洞”“泮池洞”等文化景观。围绕梁祝在峄山读书的故事，恢复建设“梁祝读书院”“梁祝游玩处”“梁祝下山处”等景点。

（2）微山县马坡是梁祝的墓地，这里曾出土了梁祝墓碑，明代时就在此建有“梁祝祠”。因此，在此地，可仿照明代建筑风格重修梁祝墓地陵园和梁祝祠；还可以在此地塑造梁祝故事蜡像景观群，集中展示出“男装求学”“柳荫相会”“同窗三载”“十八相送”“草桥结拜”“闺楼相思”“隔帘相会”“因爱成痴”“山伯离世”“英台抗婚”“英台出嫁”“英台祭坟”“化蝶飞升”等故事内容。

（三）对蝴蝶节日的开发

在蝴蝶景区的规划中，可以借助蝴蝶民俗节日，进行旅游产品的开发。主要有以下几种模式：

1. 蝴蝶节日活动观赏项目

蝴蝶景区可以专门针对蝴蝶节日设计多种形式的民俗仪式表演。具体做法：

（1）组织专门或业余的表演队伍，按照古代文献记载中与蝴蝶节日相关的仪式内容，进行实景再现表演。如，农历三月三是宜兴民俗中的蝴蝶节，同时此日还是上巳节、定情节、女儿节、求子节、游春节等。可以把古代上巳节中祭祀高禖、曲水流觞、祓禊沐浴、女儿成人礼等活动实景展现出来。

（2）在蝴蝶节日期间，蝴蝶景区可以邀请民间演出团体进行歌舞、杂技、高跷、舞狮等娱乐表演，供游客观赏，以增加节日的喜庆气氛。

2. 举行游客狂欢活动

民俗中的蝴蝶节，大多正值人们游春赏花的好时节。因此，节日期间，蝴蝶景区可以开展游客狂欢活动，具体形式如下：

（1）举行扑蝶活动。蝴蝶景区为游客准备好扑蝶工具，限定在一定区域内放飞蝴蝶，在万紫千红的花海中，蝴蝶翩翩飞舞，游客可以尽情地追逐、扑打、捕捉、嬉戏。

（2）举办食虫美食节。中国食虫文化历史悠久，丰富多彩。蝴蝶节日期间，可在蝴蝶景区举办食虫美食节，游客可以一边踏春赏花，一边品尝各种昆虫美食，纵情狂欢。

3. 举办集体婚礼

在民俗文化中，蝴蝶往往被视为永恒爱情的象征，所以蝴蝶也就成为了婚礼中的吉祥信使。因此，蝴蝶景区可以在蝴蝶节日期间，组织集体婚礼，在婚礼上，人们通过放飞蝴蝶表示对新婚夫妇的美好祝愿，而蝴蝶的绚丽缤纷和婀娜多姿也会给喜庆之日增添美的享受和欢乐的气氛。

（四）蝴蝶文化旅游纪念品的开发

蝴蝶景区在旅游纪念品的开发设计中，要注意弥补旅游纪念品开发中蝴蝶文化特色不突出的短板。建议做好以下几点：

1. 可以广泛收集吟咏蝴蝶的诗词，把收集到的文本，加工制作成蝴蝶诗词全集微缩本、蝴蝶文化诗词册、蝴蝶与诗人故事集、蝴蝶经典诗句掌中宝、蝴蝶诗词意境画册等纪念品。

2. 可以加工制作包含经典蝴蝶诗词的微型石刻、沙雕、贝壳、风铃、纸扇、摆件、玩具、书签等纪念品。这些旅游纪念品在材质、大小、用途、价格上要实现多样化，以满足游人的不同需求。

3. 可将梁山伯、祝英台、马文才等人物的艺术形象制作成神态各异的、造型别致的面塑、泥塑、陶塑、木雕、金属雕刻等工艺品。

4. 可将取材于梁祝化蝶神话传说的民间工艺品，如年画、版画、彩陶、剪纸、雕刻等，结合蝴蝶景区的标志进行制作销售。可以请当地或全国知名的能工巧匠，按顾客的要求进行现场制作，既满足了游客的个性化需要，还在一定程度上实现了对蝴蝶景区的品牌宣传。

第二，对蝴蝶服饰文化的开发。

以蝴蝶为设计题材的服装饰品在我国出现很早。浙江河姆渡遗址出土了大量玉制、石制和土制的“蝶形器”。据专家考证，这些器物应是原始先民用来做装饰的物品。民间以蝴蝶为图案装饰的服装，在唐朝就已经出现。唐代段公路《北户录》载：“岭表有鹤子草，蔓花也。当夏开，形如飞鹤，翅、羽、嘴、距皆全。云是媚草，采曝以代面靥。蔓上春生双虫，食叶。收入粉奁，以叶饲之，老则蜕而为蝶，赤黄色。女子收而佩之，如细鸟皮，令人媚悦，号为媚蝶。”[①] 穿上这种以蝴蝶为图案的服装，会使女子更显妩媚动人，而蝴蝶图案在服饰上多用刺绣来表现。宋朝词人张也的《醉垂鞭》中描写道：“双蝶绣罗裙，东池宴，初相见”[②]。可见，宋代女子绣服上就有双蝶飞舞的图案。谭宣子的《谒金门》：“人病酒，生怕日高催绣，昨夜新翻花样瘦，旋描双蝶凑。闲凭绣床呵手，却说春愁还又，门外东风吹绽柳，海棠花厮勾。”[③] 就描写了宋朝女子刺绣时通过极其熟练的手法勾勒出双蝶花样的景象。宋代妇女佩戴的金钗中也有蝴蝶的式样。宋代词人应法孙《霓裳・中序第一》道：“无言久，和衣成梦，睡损缕金蝶”[④]。可见，当时妇女以蝴蝶金钗作装饰的情景。

在今天的服装图案和佩饰式样设计中，蝴蝶依然能给设计师带来无穷无尽的灵感。因此，蝴蝶的身姿常常出现在女士的项链、耳坠、戒指、挎包等佩饰上。

---

① ［明］李时珍：《本草纲目》，山西科学技术出版社，2014，第1046页。

② 邱美琼、胡建次：《张先诗词全集　汇校汇注汇评》，崇文书局，2018，第67页。

③ 《全宋词（五）》，中华书局，1965（1992重印），第354页。

④ 《全宋词（七）》，中华书局，1965（1992重印），第201页。

第三，对蝴蝶工艺品的开发。

对蝴蝶工艺品的开发，主要是指通过收集各种蝴蝶，制成标本，用于收藏和研究。另外，还可以把蝴蝶的翅做成多种工艺品，如蝶翅贴画、书签、贺年卡片、镶蝶镜框等旅游纪念品。其中蝶翅贴画造型独特，制作工艺复杂，极具艺术价值。蝶翅画中的经典作品，就是由著名蝶画大师萧勤亲自指导创作的，现珍藏于厦门台湾民俗村蝴蝶馆中的《百骏图》和《万里长城》。《百骏图》长 8 米，高 1 米，画中骏马咆哮奔腾，栩栩如生，令人叹为观止。据统计，该作品共使用了 20 多万对伞蝶、三色峡蝶、蛇蝶、虎斑蝶、蓝带蝶、天凤景蝶、牙蝶等珍稀蝶类的翅膀。另一幅《万里长城》蝶画，长 5 米，高 1.2 米，更具豪放的气势，磅礴的神韵，揭示了中华民族自强不息、开拓进取的精神底蕴。据称，制作此幅蝶画使用了 11 万只名贵蝴蝶。龚进的大幅蝶画珍品《百鸟贺春》，用 19 971 种蝴蝶翅膀贴制而成，曾获国际荣誉金奖，并载入吉尼斯世界纪录。同时，他创作的《世纪松鹤图》《贵妃醉酒》《西施浣纱》《貂蝉拜月》《憩》《江山多娇》《远眺》等蝶画也获得了极高的评价。

可见，以蝶画为代表的蝴蝶工艺品，具有很高的民俗文化价值和产业开发潜力，值得更多的文化企业去研究和开发。

第四，对蝴蝶节日民俗的开发和利用。

在我国的民俗文化中，与蝴蝶相关的节日非常多。这些民俗节日的背后往往有着生动的神话传说、民间故事，二者相互推动，形成了意蕴深厚的蝴蝶民俗文化资源。

与蝴蝶民俗文化息息相关的传统节日是花朝节，又名花神节，是我国民间的岁时八节，民俗中将其作为百花的生日。此节历史悠久，春秋时期的《陶朱公书》中已有记载。晋代的花朝节定在农历二月十五，并在全国盛行，据传始于武则天执政时期。至宋以后，时间改为农历二月十二日。

古时，花朝节除了要举办祭祀花神的一系列活动外，还是人们游春的好时机。晋人周处撰写的《风土记》中记载：“浙间风俗言春序正中，百花竞放，乃游赏之时，花朝月夕，世所常言。”[①] 文人雅士们三五成群，踏春赏花，饮酒作乐。清代孔尚任《燕九竹节诗》云：“春晓过了春灯灭，剩有燕京烟九节。才走星桥又步云，真仙不遇心如结。千里仙乡变醉乡，参差城阙掩斜阳。雕鞍绣辔争门入，带得红尘扑鼻香。”[②] 写出了人们游春的盛况。而人们在游春赏花的同时，观赏着翩翩起舞的蝴蝶，自然就提起了捉蝶的兴致，因此花朝节又叫作“扑蝶节”。

扑蝶节名称的由来还和宋代花朝节期间民间流行的一种颇具情趣的游艺活动“扑蝶会”有关。据清汪灏《广群芳谱·天时谱二》引《诚斋诗话》云：“东京（即今开封）二月十二曰花朝，为扑蝶会。”[③] 宋朝一度将花朝节改为“扑蝶节”，但当时的文人骚客，却不喜扑蝶，他们又把扑蝶节改为“壶碟会”，参加的人，必须自携一壶美酒，一碟好菜，且须有丽姝佳人同行，大家聚集在一起，一边饮酒，一边吟诵诗词歌赋，同时还可以欣赏名花佳人。

宋代以后，此种习俗逐渐消失，但后世将这种扑蝶活动演绎成极具美感的民间舞蹈“扑蝶舞”，至今仍在江西地区流传。据调查，江西广丰县五都镇流传的扑蝶舞起源于清末，民间艺人由于受赣剧《蝴蝶杯》中“扑蝶”情节启发，改编了扑蝶舞。该舞蹈具有浓郁的地方色彩和乡土气息，故而深受当地群众的欢迎。流传在江西萍乡市湘东地区的扑蝶舞，取自传统戏曲《蓝桥会》中的一个片段。舞蹈描述少女蓝玉凌到蓝桥边汲水，对水照影，忽见水中倒映蝴蝶，抬头一看，空中果真彩蝶飞舞，随即追逐扑捉，嬉闹玩耍。舞蹈轻盈、细腻、秀雅，表现了少女活泼可爱的

---

① 李耀宗：《中华节日名典》，陕西师范大学出版社，2018，第 131 页。

② 徐振贵：《孔尚任全集辑校注评》第 4 册，齐鲁书社，2004，第 2547 页。

③ 邓宁辛等：《大中华文化知识宝库》，武冈子主编，湖北人民出版社，1993，第 1261 页。

性格和陶然愉悦的情绪。[①]

梁山伯和祝英台凄美动人的爱情故事在我国各地民间广为流传。为了纪念这一对苦情的恋人，我国许多地方流行着与梁祝化蝶有关的节日。江苏宜兴附近的善卷洞碧藓庵，相传曾是祝英台和梁山伯读书的地方，而每年三月又适逢桃花李花盛开，花丛中到处可见成双成对的蝴蝶翩翩起舞，当地的民众就认为这些彩蝶就是梁山伯与祝英台的化身，就把传说中的英台生日定为“双蝶节”。每年农历三月初一，当地群众会自发集合在善卷洞英台读书处和祝陵等景点来观赏蝴蝶，同时凭吊祝英台和梁山伯。

浙江宁波一带还盛行游山伯庙的传统活动，当地民间流传着“梁山伯庙一到，夫妻同到老”的谚语，每到新年的时候，青年男女都要抢着喝祝英台庵的大锅菜汤，据说可以找到称心如意的心上人。

时至今日，随着文化产业的发展，各种各样的“蝴蝶节”在各地层出不穷。这些蝴蝶节日在蝴蝶观赏、放飞、科普等方面满足了人们旅游观光的需要，同时也说明蝴蝶民俗文化资源的产业化前景非常广阔。

如今在庆典仪式上放飞蝴蝶已经成为新的时尚，风靡全国。不仅仅在婚礼上放飞蝴蝶，生日聚会、结婚纪念和开业庆典等场合，也多有“放飞蝴蝶，放飞心愿”之举，人们以此来寄托美好的祝愿，同时活跃现场气氛。在某种程度上，这种放飞行为也蕴含了神话传说和宗教信仰的文化内涵。

无论是对蝴蝶主题景区的建设、对新颖蝴蝶配饰的研发，还是对蝴蝶工艺品的打造、对蝴蝶节日的挖掘，其根本目的都是希望传统民俗文化在传承和延续中永葆生命活力。随着时代发展，越来越丰富的文化现象不断涌现，吸引着年轻人的目光。如何让传统民俗文化在这个时代占有一席之地，是所有文化单位的从业

---

① 《中华舞蹈志》编辑委员会：《中华舞蹈志　江西卷》，学林出版社，2014，第133－134页。

者和相关领域的学者应该认真思考的问题。

三、萤火虫文化资源的开发和利用

萤火虫是美丽的发光昆虫，更是与传统文化完美结合的物种。明暗闪烁间与星光交相辉映的荧光，带给人们的不仅是视觉享受，更是精神的慰藉。

说到与萤火虫相关的文化资源开发的起源，就不得不提到一个人，他就是大名鼎鼎的隋炀帝。《隋书·炀帝纪》载："大业十二年，上于景华宫征求萤火，得数斛，夜出游山放之，光遍岩谷。"[①] 隋炀帝在游山玩水时，别出心裁，命人用斛装满萤火虫。酒酣兴浓之际，便把斛打开，放出其中的萤火虫，霎时间萤火虫争相飞向夜空，萤火星星点点，绚烂多姿，有如夜空中点亮的万盏灯火，又如礼花绽放，绚丽夺目，美不胜收。意犹未尽的隋炀帝，后来在扬州建立了专门的"放萤苑"，在放萤苑中，有专人收集、放飞萤火虫，供隋炀帝随时取乐之用。杜牧《扬州三首》其二："秋风放萤苑，春草斗鸡台。"[②] 就提到了这种放萤苑。

隋炀帝放飞萤火虫自然是为自己取乐，但从某种意义上说，他也算得上是"开发利用"萤火虫资源的鼻祖了。

由于统治者的提倡，民间观萤娱乐的习俗在唐代就已经兴起。唐代韦应物的《玩萤火》中有："时节变衰草，物色近新秋。度月影才敛，绕竹光复流。"就讲到了当时老百姓观赏萤火虫放飞的情况。而到了清代，市场上就出现了萤火虫交易，购买者将其做成萤火虫灯。李斗《扬州画舫录》中就有关于萤火虫灯的记载："北郊多萤，土人制料丝灯，以线系之，于线孔中纳萤。其式方、圆、六角、八角及画舫、宝塔之属，谓之'火萤虫灯'"[③]。可见，观赏萤火虫的方式也在不断丰富。

---

① 魏征：《隋书》卷三，乾隆四年武英殿刻本。

② 彭定求：《全唐诗》卷三百零一，康熙四十五年扬州诗局刻本。

③ ［清］李斗：《扬州画舫录》卷十一，乾隆六十年李斗自然庵刻本。

人类自诞生之始，对神秘自然的探索和发现就未曾停歇，加之古人对光明的崇拜情结，萤火虫，这种能发出神奇萤光的生物深深地吸引了人类的目光。人类对萤火虫探索的过程，由主观唯心的想象、推测，到实地验证、考察，再到深入认知，直至对萤火虫利用价值的摸索，人类的智慧在历史长河的积累沉淀，最终形成独特的萤火虫文化。

我国丰富的萤火虫文化资源，为萤火虫产业的开发提供了丰厚的土壤。目前，我国萤火虫文化产业的开发主要集中于以萤火虫文化为主题的萤火虫观赏、放飞、节日、科普等民俗旅游项目。

萤火观赏是萤火虫文化开发项目的重要内容。如在旅游景区开发萤火虫主题功能性设施，可以在特定场所，将盛有萤火虫的众多透明玻璃瓶安放在合适位置，然后关闭照明设备，整个空间在闪闪萤光中忽明忽暗，让人沉醉于幻境之中不能自拔，给游客带来难忘的感观体验。

有条件的地区，可以举办形式多样的萤火虫生态旅游项目。2007年，山东龙岗旅游有限公司成功打造了临沂沂水地下萤光湖景区。游客可以乘坐小舟慢慢驶入萤火虫水洞，洞内漫天飞舞的萤火虫便环绕着小舟，与游客亲密接触。据报道，这一景区，2008年一年的游客量达到50万人次，实现利润上千万。2008年5月，四川邛崃天台山主办了首届高山萤舞节，以“萤舞长廊”“童话世界”作为主题的森林灯会，充满了神秘梦幻色彩，令人流连忘返。2010年8月，江苏无锡举办了蠡园狂野傩舞萤火虫节，节日期间活动丰富，游客度过了难忘的赏萤之夜。

当今社会的生活节奏越来越快，压力之下，人们对大自然的向往之情与日俱增。越来越多的城市人渴望走向野外，欣赏田野风光。而在野外的星空下，观赏美丽的萤火虫是十分惬意的享受。随着对萤火虫的愈加喜爱以及逐渐提升的环保意识，人们对萤火虫的栖息地以及其生存环境越来越关注。于是，商家争相开发科普赏萤旅游项目，发展势头良好，日益显现出旺盛的活力。

科普主题游通过旅游让游客在欣赏自然风光，了解萤火虫相关科学知识的同时增强了环保意识，这会促进对萤火虫自然资源的开发和保护。

2010 年 6 月，国内首家萤火虫低碳环保节能教育基地——厦门萤火虫主题公园正式开园。该公园的建立使人们可以在萤光飞舞的美好场景中学习环保知识。在萤火虫环保教室，游客可以观看一段影片，了解萤火虫从卵到幼虫再到成虫的生长过程，以及环境恶化和人为破坏对萤火虫生存状态的影响；在生态展览室，游客可以用手触摸水生萤火虫；在萤火虫观赏通道，游客可以看到散布在树枝上、半空中、草丛里星星点点的萤火虫。2010 年 5 月，中国科学院武汉植物园开展了“再见萤火虫”科普展，展览动用了 250 只活体萤火虫及大量标本，吸引了数万名游客。当时，多家媒体报道了这一盛事。2011 年 5 月，重庆游乐园举办了“萤火虫科普展”，参观人数上万人，有很多家长带着孩子前去接受科普教育。《重庆晨报》《重庆晚报》等媒体均对该活动进行了长篇报道。针对火热的夏季亲子游市场，海南保亭一家雨林休闲度假酒店曾推出“雨林盟主召集令”和“萤火虫找朋友”项目。在和煦阳光的照耀下，孩子和家长一道，在酒店的园区内开展劳动，学习园艺植物培育；在七仙岭的夏夜，孩子在家长的陪伴下，逐一在各项雨林挑战中闯关，提着绿色小灯笼的小萤火虫们不时飞舞在孩子们周围……①

童年在人的一生中是最美好的时光，每个人都做过追忆童年之梦。在儿童的世界里，昆虫是最好的玩伴之一，“篱落疏疏一径深，树头花落未成阴。儿童急走追黄蝶，飞入菜花无处寻。”②“牧童骑黄牛，歌声振林樾。意欲捕鸣蝉，忽然闭口立。”③ “萧萧梧叶送寒声，江上秋风动客情。知有儿童挑促织，夜深篱落一

---

① 黄媛艳：《萤火虫引出的生态旅游经》，《海南日报》2013 年 8 月 13 日。

② 郭超：《四库全书精华·集部》第 1 卷，中国文史出版社，1998，第 540 页。

③ 米治国：《元明清诗文选》，吉林人民出版社，1981，第 119 页。

灯明。”[①] 蝴蝶、蝉、蟋蟀哪一样不令儿时的我们如痴如醉地玩上半天，而夜晚那飞来飞去的萤火虫，又何尝不在每一个孩子心中编织过最美好的梦？“萤火虫，提灯笼，好像星星亮晶晶。萤火虫，提灯笼，好像星星数不清……”这首儿歌，是许多代人童年时光中最美最动听的歌曲。

厦门的国内首家萤火虫主题公园迎合了人们怀念童年时光的情结，开发了以“追忆童年时光，寻找最美童年足迹”为主题的旅游项目。人工养殖的上万只萤火虫每晚在山水错落，丛林掩映的公园里自在飞行，点点萤光点亮静谧的夜空，解说员动情的解说使游客在不知不觉中进入了“时空隧道”，沉浸在对童年时光的幸福回忆中。观萤之旅在某种程度上和追寻童年记忆画上了等号。

七夕节是中国的情人节。由于七夕节与萤火虫的特殊关系，使得小小萤火虫也成为浪漫爱情的象征，成为婚礼上的吉祥虫。

于是，不少国内旅游景区在这个传统佳节里，举办“放飞萤火虫，见证美好爱情”的主题活动，用美丽的萤火来见证爱情的浪漫与坚贞不渝。在活动过程中，闪烁的萤光与繁星争辉，让人看得如痴如醉，甚有“飘飘乎羽化而登仙”之感。这些活动对萤火虫的需求量非常大，于是不少商家抓住了其中的商机，有记者调查发现，在2014年7月间，淘宝网上28家店铺共卖出100余万只萤火虫，销售额达363万元。[②] 然而，由于萤火虫的人工繁殖和饲养技术还不成熟，所以市场上公开出售的活体萤火虫，99％都是从野外捕获而来。而萤火虫是一种很脆弱的昆虫，对生存条件要求极高，比如喜欢湿润，害怕干燥；喜欢黑暗，害怕阳光直射。通过网络销售和运输的活体萤火虫，显然很难满足这些条件，结果就导致萤火虫在网购过程中的大量死亡，这显然对萤

① 管士光、杜贵晨选注《唐宋诗选》，太白文艺出版社，2004，第505页。

② 张筠：《七夕成萤火虫“劫日”：网店1个月卖出100余万只》，《扬子晚报》2014年8月2日第三版。

火虫群体造成了极大的伤害。另外，由于生态环境恶化、城市化进程加快等原因，世界范围内萤火虫的种群数量急剧下降，栖息地锐减。

所以，我们在开发萤火虫民俗文化旅游项目的同时，也要思考和关注如何保护好萤火虫的生存环境这一现实问题，确保实现萤火虫资源的可持续利用，让后代在优美的自然环境中而不是标本馆里细细品味萤火虫文化。

加快萤火虫人工繁殖饲养的技术开发，促成中国萤火虫产业化的良性发展，让中国具有悠久历史的萤火虫民俗文化资源得到可持续开发，是值得更多人为之努力的目标。

四、蟋蟀文化资源的开发与利用

蟋蟀号称“人间第一虫”。这一称号来自中华蟋蟀研究协会会长，被人尊称为“虫圣”的吴继传先生所作的一首诗：“一叶知秋送秋声，蟋蟀叫入人心中。暂忘世俗诸琐事，专爱人间第一虫。”[①] 蟋蟀、蝈蝈、油葫芦并称中国“三大鸣虫”，其中最有文化韵味的当数蟋蟀。正如吴先生另一首诗所云：“华夏蛩鸣称古韵，龙国斗蟋传古今。白云千载秋声尽，蟋蟀文化亘古存。”[②] 蓄养蟋蟀，听其鸣，观其斗，是流传千年的中国传统民俗文化。同时，这也是一门内涵深厚的休闲文化，如蟋蟀相法、虫谱、器具、养斗等等，都具有相当强的专业性。

作为一种古老民俗文化，养斗蟋蟀可以持续到今天，真的是一个奇迹，这说明养斗蟋蟀是一项深得民心的精神娱乐活动。养斗蟋蟀能够历久弥新，反映了我们民族心理的一个侧面：崇尚自然，自得其乐，天人合一，物我相融。人们通过对大自然的追寻获得心灵的宁静和精神的愉悦。宋代儒学大师张载的《西铭》云：“乾称父，坤称母；予兹藐焉，乃混然中处。故天地之塞，

① 刘一达：《京城玩家》，经济日报出版社，2004，第36页。

② 刘一达：《京城玩家》，经济日报出版社，2004，第38页。

吾其体；天地之帅，吾其性。民，吾同胞；物，吾与也。”[①] 庄子《齐物论》：“天地与我并生，万物与我为一。”[②] 可见，这与我们传统文化中老庄思想也是有密切联系的。

虽然蟋蟀是一种极其常见的昆虫，可是作为千百年来人们的精神娱乐品，上至帝王将相，下至平头百姓、走卒贩夫，无数人对这小小的虫子满怀着热情，被它迷得如醉如痴、如癫似狂。古人玩养蟋蟀的确是玩出了精神，玩出了文化，甚至如作诗填词一样，玩出了境界。

古人玩养蟋蟀讲究三种层次。

第一层是“沉迷于物，如痴似醉”。如南宋宰相贾似道等，迷恋成瘾，军国大事也全然不顾，令人叹惜。

第二层称“以娱为赌，祸家害国”，许多人玩养蟋蟀并非单纯追求精神的娱乐，而是借斗蟋蟀之形，来行赌博之实。从古至今，这样的人还真不少，许多人为此家破人亡，令人扼腕而叹。

第三层叫“寓意于物，澡雪精神”，这自然是玩养蟋蟀的最高境界，也为大多数文人雅士所推崇。宋代大文豪苏东坡、大书法家黄庭坚以及清代文学大师曹雪芹等也都喜欢养玩蟋蟀。《吴门识小》载，黄庭坚总结出蟋蟀有“五德”，他说这虫儿“鸣不失时，信也；遇敌必斗，勇也；伤重不降，忠也；败则不鸣，知耻也；寒则归宁，识时务也。”[③] 这也许是文人雅士们喜爱蟋蟀的原因。听其鸣，可以忘倦；观其斗，可以怡情。普通百姓，虽然没有文人雅士的多情，很多人在把玩蟋蟀的过程中，不仅娱乐了身心，也陶冶了情趣，达到修身养性的目的，亦属这一种境界。

改革开放以来，随着市场经济的发展，玩养蟋蟀这种古老的

---

① 张载：《张横渠集》，中华书局，1985，第1页。

② ［战国］庄周：《南华真经一》内篇《齐物论第二》，郭象注，商务印书馆，1922年四部丛刊景明世德堂刊本。

③ 秦若轼：《济南传统儿童游戏》，济南市政协文史资料委员会编，黄河出版社，2003，第296页。

民俗，也作为一种文化产业而被开发和利用，与民俗旅游结合在一起，产生了可观的经济和社会效益。

自 20 世纪 80 年代以来，斗蟋在民间迅速发展，越来越多的人开始关注和喜爱此项活动。与此相关的各种民间组织相继成立。1985 年，在天津发起成立了全国第一家民间蟋蟀协会；之后，上海、杭州、苏州、济南、广州、西安、沈阳、哈尔滨等二十几个城市相继成立了蟋协；2004 年中华蟋蟀研究协会在京成立。

政府和一些民间组织也在积极推动蟋蟀民俗文化的传播。1981 年，上海电视台率先播放了蟋蟀格斗录像；1989 年，全国"维力多·济公杯"蟋蟀大赛在上海举办；1990 年，亚运会组委会组织了"长城杯"蟋蟀大赛；1998 年 9 月，"中华蟋蟀全国友谊大赛"在宁阳举办，之后该赛事被纳入"泰山登山节"的活动项目，迄今每年举办一次，在全国产生了广泛影响；2020 年 9 月，为庆祝中国农民丰收节，首届宁津县非遗文化节暨第八届中国蟋蟀文化博览会在山东德州举办，自 1991 年举办了首届"中国宁津蟋蟀节"以来，德州市政府已经把这个活动作为宣传传统文化、为当地招商引资的重要渠道。

随着蟋蟀民俗文化的广泛传播，玩虫者的队伍越来越壮大，随着参与人数的增加，对蟋蟀的需求量也越来越大，这就催生了蟋蟀交易市场的建立。1987 年上海市政府将浏阳河路定为蟋蟀交易的合法市场，此后，各地的蟋蟀交易市场也如雨后春笋般纷纷建立。

蟋蟀交易的火热，也催生了其他相关产业的产生。如用于捕捉、饲养、把玩蟋蟀的用具生产。例如，捉赶蟋蟀的用具有虫罩、虫网、绒球、芡草等；喂养蟋蟀的有蟋蟀盆、蟋蟀罐、葫芦、水盂、过笼、铃房、饭板、饭匙、水匙等；斗蟋蟀的器具有毫戥称、斗格、水牌等。这些用具造型各异，用料繁杂，有工艺粗糙的，比如用泥制、瓷制的，也有制作考究的，比如用象牙、玳瑁、小叶紫檀、黄花梨等名贵材料制成的。

据调查，中国蟋蟀市场上每年的蟋蟀交易数量达几千万只。数量如此庞大的蟋蟀需求，为相关服务产业的发展提供了巨大的机遇。

蟋蟀种类繁多，数量巨大，能够挑选出一只品相上乘的蟋蟀是非常困难的。虽然从古至今流传下来很多辨识蟋蟀的古籍，但毕竟理论代替不了实践，在实际生活中，还要有专业人员来对蟋蟀品类进行判定，这就是蟋蟀鉴别师。在斗蟋蟀比赛中，具有专业知识的裁判也是一个与蟋蟀文化有关的职业。在中国悠久的斗蟋史上，流传下来很多古人捕捉、饲养、把玩蟋蟀的用具，而与之相关的职业就叫蟋蟀用具鉴赏师。

因此，着力培养蟋蟀鉴别师、斗蟀裁判、蟋蟀用具鉴赏师等相关技师不仅为更多的人增加了就业渠道，也为蟋蟀文化的传承和发展注入了新活力。

在蟋蟀民俗文化的开发领域，山东德州市宁津县和泰安市宁阳县两地最为瞩目，成绩斐然。

宁津蟋蟀民俗文化的历史悠久，资源丰厚。当地政府和企业在蟋蟀民俗文化的产业开发方面，也走在了全国前列。宁津在蟋蟀民俗开发的过程中，造就了多个全国第一。比如，第一个出版《蟋蟀志》的县，这对于蟋蟀民俗文化资源的发掘与研究意义重大；第一个举办“蟋蟀节”的地区，宁津县委在1990年正式成立了“宁津县蟋蟀研究会”，并于1991年8月16日举办了首届“中国宁津蟋蟀节”，之后每隔五年举办一届；第一个建立蟋蟀罐生产基地的地区，为蟋蟀用具的产业开发，树立了榜样。与此同时，宁津建成的蟋蟀文博馆被称作“中华蟋蟀文化第一馆”，对于蟋蟀民俗文化的传播保护、开发和利用起到了很好的示范作用。

蟋蟀民俗文化的开发，对宁津县的文化旅游产业具有很大的促进作用。近年来，每年均有数以万计的蟋蟀爱好者，来到宁津县购买蟋蟀及附属产品，这已成为宁津发展特色旅游拉动全县经济的重要载体。据统计，全县各种蟋蟀交易市场年交易额预计可达3亿元左右，当地居民人均收入也因此已超万元。

而地处泰山之阳的宁阳，盛产蟋蟀，有“蟋蟀之乡”的美誉。清代秦子惠《功虫录》中，曾有宁阳斗蟋黄麻头战败上海梅花翅而获得“赐宫花披红巡各殿”，且献蟋者朱钲抚获赐赤金百两的记载。《斗蟋随笔》记载，自光绪二十一年至1940年，全国范围评选蟋蟀悍将26个，山东占17个，其中宁阳就有9个。[①]

每年秋季，来自北京、天津、上海、杭州、西安的“虫民”纷纷进入宁阳，进行蟋蟀交易，为当地农民带来了上亿元的收入。1999年，宁阳县政府主办了首届“全国民间蟋蟀友谊大赛”，吸引了八方来客，给宁阳带来了可观的经济效益。同时，宁阳建起了全国最大的蟋蟀交易市场。而“宁阳蟋蟀”在2013年被评为国家地理标志保护产品。

目前，宁阳在蟋蟀资源开发和利用的产业化道路上已经取得了一些成绩，与蟋蟀相关的各种新兴职业也逐渐走近大众的视野。如蟋蟀调养师、鉴别师、蟋蟀代理收购经纪人等。蟋蟀产业融合旅游、林果、书画、交通、餐饮、服务等多元产业构成的综合产业群，每年带来的特色收入达10亿元以上，真正实现了“以虫为媒、蟋蟀搭台、经贸唱戏”。许多人通过蟋蟀了解宁阳、认识宁阳，蟋蟀俨然成为宁阳对外宣传的一扇窗口。[②]

然而，宁阳蟋蟀民俗文化产业在发展上也存在着一定的问题。如，对蟋蟀民俗相关文献资料的收集和发掘还不够广泛和深入；对蟋蟀交易市场缺乏有效监管，还存在自发交易等不规范现象；由于滥捕滥抓、滥施农药等原因，造成蟋蟀数量逐年减少、质量逐年下降。这些问题已经引起了关注，当地政府采取了切实可行的措施进行了初步解决。如成立了宁阳蟋蟀研究院和各种蟋蟀协会，组织协调蟋蟀的开发、保护和销售活动。同时，还在泗店镇杨村划出三亩农田，专门从事蟋蟀的开发实验，并聘请来自中科院等科研单位和上海、天津等大专院校的专家进行现场指

---

① 苗明峻：《魅力宁阳（风物特产卷）》，山东人民出版，2009，第160页。

② 颜廷军：《蟋蟀文化产业调查研究》，《现代商贸工业》2012年第23期。

导。目前已形成了以古城为中心，辐射面积达 100 多平方公里的蟋蟀繁衍生息基地，养殖品种达三大类近百种，日上市量 4 000 多只。

今后，当地政府将从思想宣传、政策优惠、法规建设等方面进行努力，以促进宁阳蟋蟀民俗文化产业在法制化、市场化的条件下实现可持续发展。

后记

本书是教育部人文社会科学研究规划同名课题的最终成果，是我从2019年至今，历经三个寒暑辛勤思考与工作的心血结晶。三年来，我在浩如烟海的古代文献中爬罗剔抉，寻找昆虫文化资料，并对着这些资料苦思冥想，深入剖析，力图梳理出中国昆虫文化形成和发展的历史轨迹。好在功夫不负有心人，本书基本上达到了我的预期。不过，由于昆虫文化自身的特点，加之受我本人学力所限，本书还存在诸多缺憾。

作为地球生态系统的重要组成部分，无处不在的昆虫与人类命运息息相关。爱因斯坦曾经预言，如果蜜蜂消失了，人类将只会剩下四年寿命。昆虫对人类的重要性不言而喻。

昆虫文化是人类与昆虫朝夕相处中产生的一门很有趣味的大学问。中国昆虫文化扎根于我国历史悠久、博大精深的农耕文明土壤之中，蕴藏着丰富而深刻的文化内涵。挖掘和弘扬这一民族特色鲜明的传统文化，将对我国的生物多样性保护，乃至生态文明建设，起到积极的推动作用。而梳理昆虫文化的历史，是探究其文化内涵的前提和基础，意义非凡。

当然，本书对昆虫文化历史的探索还是初步的、不太成熟的。但这种探索也让我深深体会到，昆虫文化是充满生命力的，有前途的，如果我的探索能够起到铺路石的作用，让更多学者投入到这方面的研究中来，为创造“蝶舞蜂飞，蝉鸣蟋唱，花团锦簇，其乐融融”的人与自然和谐境界而奉献绵薄之力，就心满意足了。

转眼之间，我做昆虫文化研究已经十年了。这期间的感受，正如歌曲《十年》所唱“一边享受一边泪流”，难以名状。可谓“此中有深意，欲辨已忘言”。但不管怎样，我还会继续沿着这条路走下去，正所谓“踔厉奋发启新程，笃行不怠向未来”。

本书成书过程中，诸多亲朋好友，师生同仁，提供了很多宝贵意见，在此，一并致以最诚挚的感谢。

受作者学识所限，拙著肯定存在一些不足，恳请广大读者批评指正。

刘　铭

2022年2月于岱下陋居

图书在版编目（CIP）数据

中国昆虫文化形成和发展的历史研究 / 刘铭著. — 北京：中国农业出版社，2022.3
ISBN 978-7-109-29262-8

Ⅰ.①中…　Ⅱ.①刘…　Ⅲ.①昆虫学—研究—中国
Ⅳ.①Q96

中国版本图书馆 CIP 数据核字（2022）第 050973 号

中国昆虫文化形成和发展的历史研究
ZHONGGUO KUNCHONG WENHUA XINGCHENG HE FAZHAN DE LISHI YANJIU

中国农业出版社出版
地址：北京市朝阳区麦子店街 18 号楼
邮编：100125
责任编辑：潘洪洋　邓琳琳
版式设计：杨　婧　　责任校对：刘丽香
印刷：北京印刷一厂
版次：2022 年 3 月第 1 版
印次：2022 年 3 月北京第 1 次印刷
发行：新华书店北京发行所
开本：880mm×1230mm　1/32
印张：8
字数：210 千字
定价：68.00 元
